Kosmos xxxtrem!

T0196119

Bryan Gaensler ist Professor für Physik an der University of Sydney und Direktor des ARC Centre of Excellence for All-Sky Astrophysics (CAASTRO). Er war zuvor am MIT und an der Harvard University tätig. 1999 wurde er zum Young Australian of the Year gekürt, 2013 erhielt er den Scopus Young Researcher Award for the Physical Sciences.
Website: *www.physics.usyd.edu.au/~bmg/*
Facebook: *www.facebook.com/extremecosmos*
Twitter: *https://twitter.com/SciBry*

Bryan Gaensler

Kosmos xxxtrem!

Eine Reise zu den größten, schnellsten, hellsten, heißesten, schwersten, dichtesten und ältesten Objekten im ganzen Universum

Aus dem Englischen übersetzt von Achim Traut

Bryan Gaensler
University of Sydney
Redfern, NSW
Australien

Aus dem Englischen übersetzt von Achim Traut

ISBN 978-3-662-43391-1 ISBN 978-3-662-43392-8 (eBook)
DOI 10.1007/978-3-662-43392-8

Die Deutsche Nationalbibliothek verzeichnet diese Publikation in der Deutschen Nationalbibliografie; detaillierte bibliografische Daten sind im Internet über http://dnb.d-nb.de abrufbar.

Springer Spektrum
© Springer-Verlag Berlin Heidelberg 2015
Übersetzung der englischen Ausgabe „Extreme Cosmos“ von Bryan Gaensler, erschienen 2011 bei NewSouth Publishing, University of New South Wales Press Ltd. University of New South Wales, Sydney NSW 2052, Australia. www.newsouthpublishing.com.au © Bryan Gaensler 2011. All rights reserved

Das Werk einschließlich aller seiner Teile ist urheberrechtlich geschützt. Jede Verwertung, die nicht ausdrücklich vom Urheberrechtsgesetz zugelassen ist, bedarf der vorherigen Zustimmung des Verlags. Das gilt insbesondere für Vervielfältigungen, Bearbeitungen, Übersetzungen, Mikroverfilmungen und die Einspeicherung und Verarbeitung in elektronischen Systemen.

Die Wiedergabe von Gebrauchsnamen, Handelsnamen, Warenbezeichnungen usw. in diesem Werk berechtigt auch ohne besondere Kennzeichnung nicht zu der Annahme, dass solche Namen im Sinne der Warenzeichen- und Markenschutz-Gesetzgebung als frei zu betrachten wären und daher von jedermann benutzt werden dürften.

Planung und Lektorat: Frank Wigger, Bettina Saglio
Redaktion: Dr. Carl Freytag
Einbandgestaltung: deblik, Berlin
Einbandabbildung: „Red Spider“-Nebel (NGC 6537),
© ESA & Garrelt Mellema, Leiden University, the Netherlands

Gedruckt auf säurefreiem und chlorfrei gebleichtem Papier

Springer Spektrum ist eine Marke von Springer DE. Springer DE ist Teil der Fachverlagsgruppe Springer Science+Business Media
www.springer-spektrum.de

Stimmen zum Buch

„Bryan Gaenslers Buch über die extremsten physikalischen Bedingungen im Universum ist eine intellektuelle Abenteuerreise, wie sie spannender kaum sein könnte. Der Autor entführt die Leser anhand von zehn Kategorien wie Temperatur, Dichte oder Magnetfeldstärke in die extremsten Ecken unseres Kosmos. Er schlägt dabei gekonnt eine Brücke von unseren Alltagserfahrungen zu den viel ungewöhnlicheren physikalischen Bedingungen, wie man sie etwa im Innern heißer Sterne, in der pechschwarzen Dunkelheit interstellarer Staubwolken oder in den rasend schnellen Bewegungen von Gasströmen nahe einem Schwarzen Loch findet. Gleichzeitig erklärt Gaensler auf sehr anschauliche und unterhaltsame Weise viele der wichtigsten astrophysikalischen Grundlagen und aktuellen Forschungsfragen. Dieser Parforceritt in die wildesten und spannendsten Winkel unserer physikalischen Welt begeistert von der ersten bis zur letzten Seite und erzeugt immer wieder ein überwältigendes Gefühl des Staunens."

Volker Springel, Universität Heidelberg und Heidelberger Institut für Theoretische Studien

„Unser Dasein auf diesem Planeten vermittelt uns ein Gefühl für die Extreme der Natur. Intuitiv lernen wir Großes und Kleines, Schnelles und Langsames, Heißes und Kaltes, Starkes und Schwaches zu messen. Wir staunen über die Größe der Ozeane, wir sind fasziniert von den Temperaturen in Vulkanen und werden in Angst und Schrecken versetzt durch die Windgeschwindigkeiten von Hurrikans und die Energie von Erdbeben. Wie begrenzt erscheinen diese Erfahrungen jedoch vor dem Hintergrund von Bryan Gaenslers Buch! In einer fantastischen Reise öffnet es unsere Augen für die tatsächlichen Extreme von Größe, Geschwindigkeit, Temperatur und Gravitation … Dieses Buch, das Jung und Alt bestens empfohlen werden kann, ist fesselnder als ein Spionagekrimi, wohltuender als eine Gutenachtgeschichte und eine angemessene Erinnerung daran, wie unfassbar glücklich wir uns schätzen dürfen, auf diesem so ausgeglichenen kleinen Felsklumpen inmitten eines extremen Kosmos zu leben."

Professor *Luciano Rezzolla*, Institut für Theoretische Physik, Universität Frankfurt, und Albert-Einstein-Institut Potsdam

„Im Kollegenkreis ist Bryan Gaensler dafür bekannt, dass er den Funken seiner Begeisterung für die Wissenschaft auch auf eine große Zuhörerschaft überspringen lassen kann. So vermag kaum jemand besser als er Öffentlichkeit und Kollegen von der bevorstehenden Erkenntnisrevolution durch die nächste Generation von Teleskopen zu überzeugen. Diese Begeisterung für die Physik des Kosmos, die ihn zu einem der weltweit führenden Forscher gemacht hat, springt unweigerlich auch auf die Leser seines Buches über. Der Autor schafft es durch die Beschreibung der extremsten Eigenschaften ein wirklich faszinierendes Bild des Universums zu skizzieren. Der sicher unkonventionelle Ansatz des Buches vermittelt dem Leser auf unterhaltsame Art aber nicht nur eine recht gute Übersicht über den Stand unseres Wissens; durch viele persönliche Bezüge und historischen Zusammenhänge wird auch klar, wie sehr die Geheimnisse des Kosmos den menschlichen Geist fordern."

Professor *Ralf-Jürgen* Dettmar, Lehrstuhl für Astronomie, Ruhr-Universität Bochum

„Wenn wir zum Himmel aufschauen und uns dabei der Faszination und Schönheit des Universums hingeben, denken wir nur selten an die extremen Bedingungen, die sich dort finden und die so vollkommen anders sind, als wir es auf der Erde gewöhnt sind. Bryan Gaensler schafft es in einer erfrischenden, direkten und unkomplizierten Art, uns auf eine Reise durch diesen extremen Kosmos zu nehmen. Hierbei spart er nicht an faszinierenden Vergleichen und mischt seinem Bericht immer wieder persönliche Einblicke in das Leben eines erfolgreichen Astronomen erster Güte bei. Das Resultat ist ein ebenso unterhaltsames wie lehrreiches Buch, das Amateure und Profis gleichermaßen faszinieren wird."

Professor *Michael Kramer,* Direktor des Max-Planck-Instituts für Radioastronomie, Bonn

Vorwort

Als mir zum ersten Mal die Idee für dieses Buch kam, dachte ich noch, es zu schreiben sei eine einfache Sache. Schließlich hatte ich die meisten Geschichten bereits in meinem Kopf und musste sie eigentlich nur noch zu Papier bringen. Aber in Wirklichkeit war alles viel komplizierter: Die Kapitel stellten sich als nicht annähernd so simpel heraus wie ich zunächst dachte, und manchmal merkte ich, dass ich das Thema noch gar nicht richtig verstanden hatte. Das Buch wurde schließlich erst nach zwei Jahren beständiger Anstrengung fertig und gelang nur durch die Mitwirkung einer ganzen Reihe von Personen und weil mir zahlreiche Quellen zur Verfügung standen.

Zuerst und vor allem danke ich der weltweiten Gemeinschaft der Astronomen, deren Leidenschaft und Enthusiasmus für ihr Forschungsgebiet zu all den hier beschriebenen Entdeckungen geführt hat. Ich möchte auch die wunderbare Ressource erwähnen, die das NASA Astrophysics Data System darstellt. Diese sensationelle Datenbank enthält einen Index praktisch aller wissenschaftlichen Artikel, die je auf dem Gebiet der Astronomie veröffentlicht wurden. Das Data System war von unschätzbarem Wert, um die vielen Forschungsergebnisse und Berechnungen aufzuspüren und zu verifizieren, die ich für das Buch brauchte. Darüber hinaus danke ich den vielen Astronomen, die mir großzügig zusätzliche Daten und Informationen zur Verfügung stellten: Matthew Bales, Tim Bedding, Chris Blake, Warren Brown, Iver Cairns, Paul Crowther, Glennys Farrar, Lilia Ferrario, Craig Heinke, David Helfand, Rob Hollow, Michael Ireland, Melanie Johnston-Hollitt, Geraint Lewis, Charley Lineweaver, Erik Mamajek, Don Melrose, Michael Scholz, Peter Tuthill, Gentaro Watanabe, Mike Wheatland und Matias Zaldarriaga.

Ich bin Phillippa McGuinness, Jane McCredie und ihrem Team bei NewSouth Publishing dankbar für ihren Einsatz bei der Fertigstellung dieses Buchs und für ihre Geduld mit einem Manuskript, dessen Erstellung sich so lange hinzog. Mein besonderer Dank geht an Stephen Pincock, der mich auf die Idee brachte, ein Buch zu schreiben, der mit mir daran arbeitete, das Konzept von *Kosmos xxxtrem!* zu entwickeln und mir ein sorgfältiges und in die Tiefe gehendes Feedback zu jedem Kapitel gab. Ich danke auch Chris Hales, der voll Enthusiasmus viele der Details recherchierte, die entsprechenden Quellen aufspürte und viele gedankenreiche Kommentare zum Text beitrug.

Schließlich geht mein tiefster und aufrichtigster Dank an die wunderbare Laura Beth Bugg, die, wie immer, meine Muse und Inspiration war. Sie übernahm die Rolle als alleinerziehende Mutter, als ich so viel Zeit in dieses Buch steckte, ermutigte mich, weiterzumachen, wenn ich drauf und dran war, aufzugeben, und grübelte über jedes Wort nach, das ich schrieb. Sie half mir, das Buch zu einem Werk zu machen, auf das ich stolz sein kann – ich hätte das nicht ohne sie geschafft.

Bryan Gaensler

Inhalt

1 Einleitung

Schon als Kind haben mich naturwissenschaftliche Themen fasziniert. Ob es Beschreibungen bizarrer, längst ausgestorbener Dinosaurier, Erklärungen der zerstörerischen Kraft von Vulkanen oder Darstellungen der verschiedenen Organe des menschlichen Körpers waren: Ich sog alles in mich auf.

Eine Wissenschaft hatte jedoch schon damals bei mir einen besonderen Platz: die Astronomie. In den Büchern über andere Wissenschaftsgebiete erfuhr ich alles darüber, wie die Dinge funktionierten und was die Wissenschaftler herausgefunden hatten. Es schien so, als seien all die großen Fragen im Wesentlichen bereits beantwortet, und wir müssten nur noch die kleinen Details ausarbeiten. In den Büchern über Astronomie war das ganz anders: Es ging in ihnen weniger darum, was wir wussten, sondern eher darum, was wir *nicht* wussten.

Und wir wussten eine ganze Menge nicht. Die Astronomie zog mich in ihren Bann, weil es in ihr weit mehr Rätsel als Antworten gab. Was ist „Dunkle Materie"? Was befindet sich im Inneren eines Schwarzen Lochs? Gibt es Leben auf dem Mars? Der Sinn der Wissenschaft ist es doch, Dinge zu entdecken, und meinem jungen Geist kam es so vor, dass die meisten Entdeckungen, die noch zu machen waren, im Bereich der Astronomie lagen.

So habe ich schon früh, so mit etwa fünf Jahren, den Plan gefasst, einmal Astronom zu werden. Es fing mit einem fantastischen Buch an, das den Titel *Album of Astronomy* trug. Dieses Geschenk meiner Eltern, das ich immer noch besitze, nimmt den Leser auf eine beeindruckende Reise mit, die durch das Sonnensystem, die Milchstraße und darüber hinaus führt: Von der gewaltigen Wärme von Merkur und Venus über die feurigen Fusionsreaktionen, die die Sonne antreiben, bis zu der prachtvollen und unermesslichen Erhabenheit ferner Spiralgalaxien und dem unvorstellbaren Anfang von allem beim Urknall gab es da draußen im Weltall so vieles, was meinen damaligen Lebenserfahrungen unglaublich fremd und unbekannt war. Ich war von der Astronomie infiziert.

Mit zunehmendem Alter nahm meine Faszination für Himmel und Weltall nur noch zu. In der dritten Klasse schrieb ich ein Astronomiebuch für unsere Schulbücherei. Als ich zwölf war, kaufte ich von meinem Taschengeld ein Teleskop und blieb die ganze Nacht auf, um den Halleyschen Kometen zu betrachten. Und ich bettelte meine Lehrer an, weniger Zeit mit Chemie oder Erdkunde zu verbringen und stattdessen mehr mit Astronomie.

Die Astronomie wurde dann wirklich zu meinem Beruf. Ich fand das immer noch ungeheuer spannend, weil sich das, was mich ursprünglich an diesem Thema so angezogen hatte, als wahr herausstellte. Astronomie reicht immer noch an diese unerforschten Grenzen, und es werden in dieser Wissenschaft immer noch ständig die erstaunlichsten Entdeckungen gemacht.

Aber es gibt zwei Aspekte, die ich zuvor nicht erwartet hatte – zwei Aspekte, die ich als Kind nicht so richtig einschätzen konnte und die mir erst klar wurden, als ich meine berufliche Laufbahn begann. Wegen dieser beiden Erkenntnisse habe ich das vorliegende Buch geschrieben.

Sterne entdecken oder sie verstehen?

Als ich klein war, hatte ich gehofft und erwartet, dass meine Haupttätigkeit als Astronom darin bestehen würde, neue Sterne zu entdecken.

In der Tat habe ich in meiner Laufbahn ein paar neue Sterne aufgespürt. Ich erinnere mich noch lebhaft an den Moment, als ich 1994 zum ersten Mal einen Stern entdeckte. Ich saß am Bildschirm meines Computers und durchsuchte meine Daten, und da war es: ein Objekt, das in der gesamten Geschichte der Menschheit noch niemand betrachtet hatte. Ein paar Minuten saß ich still, allein mit meiner Entdeckung, und freute mich darüber, dass es da draußen im All etwas gab, von dem nur ich wusste.

Aber in der Wissenschaft und natürlich auch in der Astronomie geht es darum, seine Ideen und Entdeckungen zu teilen. So schrieb ich in einer E-Mail an meine Kollegen, was ich entdeckt hatte, und anschließend veröffentlichten wir unsere Ergebnisse in einer wissenschaftlichen Zeitschrift, sodass andere sie überprüfen und weiter untersuchen konnten.

Der Stern, den ich entdeckt hatte, ist heute unter dem Namen „PSR J1024-0719" bekannt und befindet sich etwa 1700 Lichtjahre von der Erde entfernt im unscheinbaren

Sternbild Sextant, das zwischen Löwe und Wasserschlange liegt. „Mein" Stern ist viel zu schwach, als dass man ihn mit bloßem Auge sehen könnte, aber er steht jedes Jahr im März und April hoch am Abendhimmel. Auch wenn ich PSR J1024-0719 seit dem Moment der Entdeckung nicht mehr weiter untersucht oder betrachtet habe, wird er mir, als Zeichen des Beginns meiner kosmischen Abenteuer, immer in Erinnerung bleiben.

Aber bei aller Begeisterung über solche Entdeckungen: In der Astronomie geht es um mehr als darum, nur neue Sterne zu finden. Letztlich ist es recht einfach, einen neuen Stern zu entdecken. Man nimmt ein großes Teleskop, richtet es irgendwo hin und macht eine Aufnahme des entsprechenden kleinen Ausschnitts des Nachthimmels, auf den das Teleskop fokussiert ist. Das Bild wird voller Sterne sein, von denen die meisten noch niemand zuvor gesehen hat. Diese Sterne haben keine Namen, sind noch nie in einem Katalog aufgeführt worden, und man weiß fast nichts über sie.

Als Astronom ist es deshalb verlockend, seine berufliche Laufbahn der Entdeckung und Katalogisierung möglichst vieler dieser Sterne zu widmen. In der Realität jedoch sind viele dieser neuen Sterne eher gewöhnlich und uninteressant und unterscheiden sich nicht von den Millionen von Sternen, die bereits benannt, katalogisiert und klassifiziert sind. Manchmal stellt sich ein Stern aber als besonders interessant oder ungewöhnlich heraus (und einige davon werde ich Ihnen in diesem Buch vorstellen), aber solche besonderen Sterne sind extrem selten, und dass es sich um besondere oder bemerkenswerte Objekte handelt, wird oft erst klar, wenn sie von Astronomen einer intensiven weiteren Untersuchung unterzogen werden.

Dass ich aufgeregt war, als ich PSR J1024-0719 entdeckte, ist natürlich und verständlich. Es ist jedoch wichtig festzustellen, dass das Ziel der Astronomie nicht darin besteht, zu katalogisieren und zu sammeln, sondern zu *verstehen*. Die Motivation von Astronomen erwächst nicht aus dem Bedürfnis, einfach nur Sterne zu zählen oder deren Koordinaten zu bestimmen, sondern aus dem Bestreben herauszufinden, was Sterne eigentlich sind und weshalb sie strahlen. Letztlich versuchen Astronomen, einige der ganz großen Fragen zu beantworten: Woher kommen wir? Wie wird alles enden?

Das soll nicht heißen, dass das Finden von Sternen, das Messen ihrer Eigenschaften und ihre Katalogisierung nicht ausgesprochen wichtige Bestandteile der Astronomie sind. Einige der größten und wichtigsten Projekte in der Astronomie waren umfangreiche Unternehmungen, die Objekte des Nachthimmels sorgfältig zu kartieren und zu klassifizieren. Diese Projekte reichen vom historischen Henry-Draper-Katalog, der 1924 fertiggestellt wurde und 225.300 Sterne umfasst, bis zum sensationellen Erfolg der „Sloan Digital Sky Survey" (SDSS), die 2000 begann und bis jetzt mehr als 900 Mio. Sterne und Galaxien katalogisiert hat.

Man muss sich jedoch klar machen, dass wir Astronomen diese gewaltigen „Durchmusterungen" nur unternehmen, um die möglichst vollständigen Kataloge am Ende dazu nutzen zu können, neue Erkenntnisse über Sterne, Galaxien und das Weltall zu gewinnen.

Während ich als Kind also den Ehrgeiz hatte, neue Sterne zu entdecken, ist es heute mein Ziel, Entdeckungen zu machen, die etwas darüber aussagen, wie das Universum funktioniert. Dieses Ziel beschreibt weit besser, was wir Astronomen tun und weshalb wir uns dieser Sache so sehr hingeben. Wie ein kleines Kind, das ständig „Warum?" fragt, versuchen auch wir einfach nur, die Welt um uns herum zu verstehen.

Milliarden und Abermilliarden

Als Kind war ich begeistert von der Idee, dass es unendlich viele Zahlen gibt. Jedes Buch hat eine letzte Seite. Bei jedem Film kommt irgendwann der Abspann. Und selbst wenn man das dickste Wörterbuch durchforstet, das man finden kann, gibt es irgendwann keine Wörter mehr zu entdecken. Aber Zahlen haben keine derartige Grenze. Eine Million, eine Milliarde, ein Billion, eine Billiarde … selbst wenn uns die Namen ausgehen, gibt es noch immer mehr und immer größere Zahlen.

Aber während ich die Idee unzähliger Zahlen liebte, fand ich es beklemmend, mir nicht wirklich vorstellen zu können, was diese Zahlen eigentlich bedeuten. Was könnte „eine Milliarde Sterne" oder „eine Million Galaxien" heißen? Ich wollte auch Astronom werden, um Zahlen wie diese wirklich begreifen zu können.

Inzwischen weiß ich, dass die Astronomen keine besondere Gabe haben, den Himmel zu betrachten. Wir können uns so wenig wie andere Menschen wirklich vorstellen, wie groß und kompliziert das Universum ist. Als ich dieses Buch schrieb, verkündeten zum Beispiel amerikanische Astronomen, dass sie die Gesamtzahl der Sterne im beobachtbaren

Universum neu berechnet hätten. Nach früheren Schätzungen gab es 100.000.000.000.000.000.000.000 Sterne, also 100 Trilliarden. Neue Berechnungen zeigten, dass es eher 300.000.000.000.000.000.000.000, also 300 Trilliarden sind. Es war zwar klar, dass sich die Zahl der Sterne dank der neuen Entdeckung verdreifacht hatte, aber ob es nun 100 Trilliarden oder 300 Trilliarden sind, ist gleichermaßen unbegreiflich – für einen Astronomen ebenso wie für jedermann sonst. Unser Verstand hat sich entwickelt, als es um das Jagen von Nahrung, das Vermeiden gefährlicher Tiere und den Umgang mit anderen Menschen ging. Deshalb denken wir in Stunden, Monaten und Jahren und können uns Entfernungen von Metern oder Kilometern bildlich vorstellen, aber Zahlen, die weit darüber hinausgehen, verlieren ihre anschauliche Bedeutung. Die Ausmaße des Universums übertreffen bei Weitem, was unser Verstand zu verarbeiten in der Lage ist.

Dennoch ist der Fall nicht hoffnungslos. Mathematik und Physik sind wunderbare Instrumente, denn sie ermöglichen es uns, das Universum zu studieren und zu verstehen, selbst wenn die Zahlen, die in der Astronomie auftreten, so weit jenseits unserer Erfahrungen liegen, dass sie keine praktische Bedeutung für uns haben. Heute schätze ich es, dass wir einerseits von den schieren Ausmaßen, denen wir gegenüber stehen, überwältigt sein können und andererseits doch die außergewöhnliche Kraft haben, das Wunder und die Schönheit des Kosmos bestaunen zu können.

Extremer Kosmos

In diesem Buch möchte ich Ihnen davon berichten, wie weit sich das Universum in jeder erdenklichen Weise jenseits unserer alltäglichen Erfahrung erstreckt. Gleichzeitig hoffe ich aber, dass *Kosmos xxxtrem!* Ihnen zu verstehen hilft, wie erstaunlich es ist, dass wir dennoch in diesem Reich der Extreme Messungen anstellen und sie interpretieren können. Und nicht nur das: In den meisten Fällen glauben wir zu verstehen, was diese von uns untersuchten Objekte sind, wie sie entstanden und weshalb sie ihre unglaublichen Eigenschaften haben.

In den kommenden Kapiteln habe ich zehn Phänomene ausgewählt, mit denen wir in unserem Alltag konfrontiert sind: Temperatur, Helligkeit, Zeit, Größe, Geschwindigkeit, Masse, Schall, Elektrizität/Magnetismus, Schwerkraft und Dichte. Für sie alle gibt es Extreme im Bereich unserer alltäglichen Erfahrungen: Wir alle haben schon sengende Hitze und klirrende Kälte gespürt, wir haben einen Düsenjet über uns hinwegrasen und eine Schnecke durch den Garten kriechen sehen. In den Kapiteln meines Buches werde ich, ausgehend von diesen alltäglichen Wahrnehmungen, eine Brücke zu den Objekten im Universum schlagen, die Eigenschaften haben, die weit über das hinausgehen, was wir wirklich verstehen können.

In manchen Fällen kann ich Sie nur zu *einem* Ende des Spektrums führen: Für Geschwindigkeitsextreme werden wir zum Beispiel in Kap. 6 einige der schnellsten Objekte im Universum betrachten. Die Frage, welche Sterne sich am langsamsten bewegen, ist dagegen nur schwer zu beantworten, denn die große Mehrzahl der Sterne bewegt sich so langsam, dass unsere Teleskope es nicht messen können. In anderen Kapiteln wird es dagegen durchaus Sinn machen, beide Extreme zu erforschen. In Kap. 2 werde ich zum Beispiel an beide Grenzen gehen: zur größten Hitze und zur größten Kälte im Universum.

Mit diesem Buch möchte ich die zwei Dinge vermitteln, die ich auf meiner eigenen Reise vom Kind, das begeistert die Sterne betrachtet hat, zum Berufsastronomen gelernt habe. Das eine ist, dass es in der Astronomie um mehr geht, als neue Sterne zu finden. Und ich will Ihnen nahebringen, dass die Zahlen, die den Kosmos beschreiben, zwar für unseren menschlichen Verstand völlig unbegreiflich sind, dass aber die bemerkenswerte Schönheit, Vielfalt und Eleganz, die diesen Ausmaßen zugrunde liegen, dennoch unsere Bewunderung und unser Staunen verdienen.

Bevor wir aber mit der Reise beginnen, will ich Ihnen doch noch einen Warnhinweis geben. In jedem der folgenden Kapitel habe ich mich auf ein bestimmtes Phänomen konzentriert und versucht, so definitiv wie möglich zu beschreiben, wie im Universum die Extreme dieses Phänomens aussehen. Aber „definitiv" ist kein Begriff, der sich ohne Weiteres auf das Studium des Kosmos anwenden lässt. Zum Beispiel kann ich den tiefsten Ton im Universum beschreiben (Kap. 8). Aber ich kann Ihnen nicht mit Sicherheit sagen, dass dies garantiert der tiefste Ton ist, der irgendwo im Universum zu finden ist. Der Grund ist, dass es viel Unentdecktes im Universum gibt. Ich muss mich daher auf das beschränken, was die Astronomen bis jetzt schon untersuchen konnten.

Noch etwas kommt dazu: In manchen Fällen kann man die Werte nur recht grob und ungenau abschätzen.

Wenn ich Ihnen später einen Kandidaten für das schwerste Schwarze Loch des Universums vorschlage (Kap. 7), hat die Wahrheit dieser Aussage wegen der Ungenauigkeit unserer Daten ihre Grenze.

Schließlich ist die Astronomie ein dynamisches und wachsendes Forschungsgebiet. Täglich werden neue Entdeckungen gemacht, und unweigerlich werden alte Rekorde gebrochen. Selbst in Fällen, in denen ich meine Beispiele mit voller Überzeugung und Bestimmtheit wählen kann, wie im Fall des lichtstärksten Objekts, das je im Universum gesehen wurde (Kap. 3), wird bestimmt bald ein noch außergewöhnlicheres Objekt auftauchen und den Rekord brechen.

Die Astronomie zog mich zunächst deshalb in ihren Bann, weil man noch so vieles nicht verstanden hatte. Jahrzehnte später bin ich immer noch begeistert von der Feststellung, dass ein endloser Weg voller Entdeckungen und Freude vor uns liegt.

2
Höllenfeuer und Eiseskälte: Extreme der Temperatur

Verglichen mit den anderen Planeten des Sonnensystems ist die Erde ein recht gastfreundlicher Ort. Schließlich wimmelt es auf ihr von Lebensformen, für die es weder zu kalt noch zu heiß sein darf. Aber jeder, der einmal im Sommer in der australischen Wüste war oder eine Winternacht in Kanada verbracht hat, weiß, dass selbst auf unserem „perfekt justierten" Heimatplaneten die Spanne der Oberflächentemperaturen enorm ist und weit über jene enge Komfortzone hinausreicht, die wir empfindliche Menschen bequem ertragen können. Die Extreme auf der Erde reichen von 57 °C, die 1913 im Death-Valley-Nationalpark in Kalifornien verzeichnet wurden, bis zu markdurchdringenden −93,2 °C bei einer Messung in der Antarktis, die am 10. Dezember 2013 gemeldet wurde. Und natürlich ist es im Erdinneren weit heißer als irgendwo an der Oberfläche, während die Erdatmosphäre in großen Höhen deutlich kälter ist.

Aber die rauesten Klimabedingungen, die die Erde zu bieten hat, sind nichts verglichen mit dem, was sich draußen im Weltall findet. In den tiefen Weiten des Kosmos gibt es Orte, die Billionen Mal heißer sind als die heißeste Sauna, und andere Orte, die so kalt sind, dass im Vergleich dazu Toronto an Heiligabend geeignet für ein Strandpicknick erscheint.

Heiß und versteckt

Überlegen wir zunächst, was „heiß" und „kalt" eigentlich bedeutet.

Materie in ihren gewöhnlichen Formen (fest, flüssig oder gasförmig) besteht aus Atomen und Molekülen. In einem Festkörper werden die Atome oder Moleküle starr an ihrem Platz gehalten, ähnlich wie die verzahnten Teile eines Puzzles. In einer Flüssigkeit können sich die Teilchen bewegen, hängen aber immer noch in großen Gruppen aneinander. Und in einem Gas ist jedes Atom und Molekül unabhängig von den anderen und kann sich nach Belieben bewegen, wohin es möchte.

Festkörpern, Flüssigkeiten und Gasen gemein ist jedoch, dass die Atome und Moleküle, aus denen sie bestehen, unaufhörlich zittern und zappeln. In einem Festkörper bleibt jedes Teilchen in der Nähe seines angestammten Platzes, zittert dabei aber hin und her. (Man stelle sich ein Puzzle vor, bei dem die Teile nicht perfekt ineinander passen; jedes Teilchen kann sich ein wenig hin und her bewegen, verlässt aber seinen Platz nicht.) In einer Flüssigkeit oder einem Gas tanzen die Teilchen wie verrückt in alle Richtungen, wie ein außer Kontrolle geratenes Auto beim Autoskooter.

Was wir unter Temperatur verstehen, ist die Geschwindigkeit dieses Zitterns und Vibrierens auf mikroskopischer Skala. Ganz gleich, ob etwas fest, flüssig oder gasförmig ist, können diese zufälligen Zitterbewegungen langsam und sanft sein – oder wahnsinnsschnell. Wenn die Bewegungen der Atome oder Moleküle langsam sind, ist das Objekt kalt; sind die Bewegungen schnell, ist es heiß. Wenn etwas abkühlt, verlangsamen die Teilchen ihre Bewegungen zu einem sanften Walzer; wird das Objekt erhitzt, starten sie einen rasenden Kosakentanz.

Das bedeutet nun, dass es für die Temperatur keine Obergrenze gibt: Erhitzt man etwas immer mehr, rasen die Teilchen im Inneren immer schneller umher. Mit diesem Bild vor Augen können wir jetzt die Frage stellen, wie heiß das Universum werden kann.

Beginnen wir mit der Sonne, einer riesigen brennenden Kugel aus Gas, die so heiß und gewaltig ist, dass man sie noch nicht einmal mit bloßem Auge anschauen kann. Die Sonne hat an der Oberfläche eine Temperatur von 5500 °C, was zwar heiß ist, aber nicht unvorstellbar heiß. Die Sonnenoberfläche ist etwa fünfmal heißer als die Flamme einer Kerze oder doppelt so heiß wie die Flamme eines Schweißbrenners. 5500 °C reichen aus, um Wolfram zu schmelzen, aber nicht, um es zum Kochen zu bringen.

Es gibt aber andere Sterne, die viel heißer als die Sonne sind.

Wir wissen alle, dass ein Metallstück zu glühen anfängt, wenn man es erhitzt. Ein Schüreisen im Feuer leuchtet orange oder rot, während der Wolframdraht einer konventionellen Glühbirne gelb oder weiß glüht, wenn er auf einige Tausend Grad erhitzt wird. Unsere Beispiele verweisen auf einen universellen Prozess, der zuerst vom deutschen Physiker Max Planck genau beschrieben wurde: Praktisch jedes Objekt (ob auf der Erde oder im All) strahlt Licht aus, dessen Farbe von seiner Temperatur abhängt.

Diesen Effekt, der durch das Plancksche „Gesetz der Schwarzkörperstrahlung“ beschrieben wird, beobachten wir, wenn wir die verschiedenen Farben der Sterne untersuchen. Unsere Sonne ist ein recht durchschnittlicher Stern. Ihre Oberflächentemperatur von 5500 °C ergibt ein gelbliches Licht, genau wie es Plancks Gleichungen vorhersagen.

Beteigeuze, ein heller Stern im Sternbild Orion, ist viel kälter: Auf der Oberfläche herrschen etwa 3800 °C, weswegen der Stern eine selbst mit dem bloßen Auge gut erkennbare rötliche Färbung hat. Der hellste Stern am Nachthimmel, Sirius (auch als „Hundsstern“ bekannt), hat dagegen eine Oberflächentemperatur von etwa 10.000 °C, was ihm seinen bläulichen Schimmer gibt.

Es gibt aber auch Sterne, die man mit dem bloßen Auge nicht sehen kann, die noch viel heißer als Sirius sind. Wie wir etwas später in diesem Kapitel sehen werden, findet das wirkliche Geschehen tief im Kern eines Sterns statt, wo Fusionsprozesse wüten und über Milliarden von Jahren hinweg die gesamte Wärme und das Licht eines Sterns erzeugen. Aber wenn ein gewöhnlicher Stern schließlich seinen gesamten Brennstoff verbraucht hat, bläst er große Teile seiner äußeren Schichten in einer sich langsam ausdehnenden Gashülle davon, und der zentrale Kern liegt frei. In diesem Kern, einer kleinen und dichten Kugel aus Helium, Kohlenstoff und schwereren Elementen, findet zwar keine Fusion mehr statt, es ist aber dort noch immer unglaublich heiß. Diese verbliebene Glut macht den Stern zu einem „Weißen Zwerg“, zu einem der heißesten Sterne des Universums, der so heiß ist, dass er den umgebenden Schleier aus weggeblasenem Gas erleuchtet und dadurch ein exquisites Leuchten erzeugt, das als „planetarischer Nebel“ bezeichnet wird.

Wie heiß ist ein solch neu entstandener Weißer Zwerg? Der aktuelle Rekordhalter befindet sich im Herzen eines schönen planetarischen Nebels. Diese glühende Gaswolke, von Astronomen als „NGC 6537" bezeichnet, aber besser bekannt als „Red-Spider-Nebel" (Rote Spinne), befindet sich in etwa 2000 Lichtjahren Entfernung im Sternbild Schütze. (Ein Lichtjahr ist die Entfernung, die das Licht in einem Jahr zurücklegt: knapp 10 Billionen km. 2000 Lichtjahre sind also rund 20.000 Billionen km!)

Während des gesamten 20. Jahrhunderts entging der Weiße Zwerg im Zentrum des Red-Spider-Nebels seiner Entdeckung. Es gibt zwei Gründe, weshalb solche Sterne so schwer zu sehen sind. Erstens sind es winzige Objekte, die im Zentrum von leuchtenden und sehr hellen Wolken in ihrer Umgebung vergraben sind. Die Helligkeit und Komplexität der planetarischen Nebel verbirgt häufig den zentralen Stern vor unserem Blick.

Paradoxerweise ist der zweite Grund, dass gerade die extreme Hitze den Stern fast unsichtbar macht. Wie wir oben gesehen haben, sagt uns das Plancksche Gesetz der Schwarzkörperstrahlung, dass die Farbe eines Objekts von seiner Temperatur bestimmt wird. Was geschieht aber, wenn ein Stern noch heißer ist als der blaue Sirius mit seinen 10.000 °C? Das Plancksche Gesetz gilt natürlich auch dann, aber das resultierende Leuchten hat eine Farbe, die jenseits des Bereichs liegt, den unser Auge oder ein gewöhnliches Teleskop wahrnehmen kann. Das Licht von Objekten, die viel heißer als Sirius sind, strahlt im ultravioletten Bereich oder gar im Bereich der Röntgenstrahlung. Die Beziehung der Temperatur zur Farbe der Strahlung nach dem Gesetz der Schwarzkörperstrahlung besagt, dass scheinbar so unterschiedliche Phänomene wie UV-Licht und Röntgenstrahlen einfach nur Teile des breiten „elektromagnetischen Spektrums“ sind, das somit einen riesigen Bereich verschiedener Farben umfasst, der weit über das schmale Band hinausgeht, das wir mit unseren Augen sehen können.

Weiße Zwerge sind also tief im Inneren ihrer planetarischen Nebel vergraben und sind so heiß, dass sie nur wenig sichtbares Licht, stattdessen vorwiegend Licht im UV- und Röntgenbereich des Spektrums aussenden. Daher ist es nicht überraschend, dass der superheiße Stern im Zentrum des Red-Spider-Nebels viele Jahrzehnte unentdeckt blieb. Dies änderte sich erst 2005, als Mikako Matsuura und ihre Kolleginnen und Kollegen das leistungsstarke Hubble-Weltraumteleskop, das sich in einer Umlaufbahn außerhalb der Erdatmosphäre befindet, dazu nutzten, einen winzigen Lichtfleck zu identifizieren, der dem Weißen Zwerg im Herzen des Red-Spider entsprach. In dieser und folgenden Studien gelang es Astronomen, Präzisionsmessungen der Farbe des Sterns durchzuführen und dann unter Anwendung des Planckschen Gesetzes der Schwarzkörperstrahlung dessen Temperatur zu berechnen.

Das Ergebnis war frappierend: Die Oberflächentemperatur des Sterns im Zentrum des Red-Spider-Nebels beträgt unglaubliche 300.000 °C. Damit ist er mehr als 50 Mal heißer als die Sonne und 30 Mal heißer als der mächtige Sirius.

Dieser faszinierende Stern mit seiner extremen Temperatur und dem spektakulär leuchtenden Nebel, der ihn umgibt, ist nicht nur von akademischem Interesse: Wenn wir auf den Red-Spider-Nebel blicken, sehen wir unser eigenes zukünftiges Schicksal! In etwa 5 Mrd. Jahren wird auch der

Sonne ihr Brennstoff ausgehen, und sie wird auf ähnliche Weise ihre äußeren Schichten abstoßen. Alles, was von unserem Stern und unserem Sonnensystem übrig bleiben wird, ist ein schöner planetarischer Nebel, angestrahlt von einem immens heißen Weißen Zwerg in seinem Zentrum.

Der nukleare Brennofen

Sterne mögen hohe Temperaturen an ihrer Oberfläche haben, aber die feurige Hölle in ihrem Inneren ist unvorstellbar heißer. Unsere Sonne, ein durchschnittlicher und wenig bemerkenswerter Stern, stellt uns die Wärme und das Licht zur Verfügung und ermöglicht so Leben. Verglichen mit anderen Sternen mag sich die Sonne bescheiden ausnehmen, aber sie ist immer noch ein beeindruckendes Monster.

Die Sonne wiegt etwa 2.000.000.000.000.000.000.000.000.000 t (das ist etwa 330.000 Mal mehr als unsere Erde) und misst etwa 1.400.000 km im Durchmesser. Das Gas im Kern der Sonne besteht zu etwa 39 % aus Wasserstoff und zu 60 % aus Helium. Das verbleibende 1 % setzt sich aus kleinen Mengen Kohlenstoff, Sauerstoff, Silizium, Eisen und anderen schwereren Elementen zusammen. (Tatsächlich ist fast jedes bekannte Element in der Sonne in einer gewissen Menge nachgewiesen worden. Selbst von Elementen wie Silber, Gold und Uran wurden Spuren in der Sonne gefunden.)

Als die Sonne vor 4,6 Mrd. Jahren ihr Leben begann, war die Zusammensetzung ihres Kerns ganz anders als heute: Vermutlich bestand er aus 72 % Wasserstoff, 27 % Helium und einem Rest von 1 %. Diese massive Veränderung in der Zusammensetzung des Kerns während der Lebensdauer der Sonne, also die Abnahme des Wasserstoffs von 72 % auf heute 39 %, gibt uns einen wichtigen Hinweis auf die extremen Vorgänge im tiefen Inneren der Sonne. Sie verrät uns, dass die Wärme und das Licht der Sonne aus einem Fusionsprozess stammen, bei dem Wasserstoff ständig in Helium verwandelt wird. Dabei werden große Mengen Energie freigesetzt. Auf dem gleichen Prozess beruht auch die zerstörerische Kraft der Wasserstoffbombe, nur läuft er bei der Sonne in einem weit größeren Maßstab ab.

Wie der Begriff schon erahnen lässt, vereinigen sich bei der Fusion Atomkerne – im Fall der Sonne sind es zunächst zwei Wasserstoffatomkerne, also Protonen. So etwas kann aber nicht so einfach geschehen, da die Protonen eine positive elektrische Ladung tragen, und zwei positive Ladungen sich vehement gegenseitig abzustoßen versuchen, wenn sie nahe aneinander gebracht werden. Nur wenn die beiden Protonen so nahe aneinander geraten, dass sie sich praktisch berühren, verbinden sie sich miteinander und bilden Helium.

Der Trick besteht darin, die beiden Protonen so schnell wie möglich zusammenzubringen. Nähern sie sich nur langsam einander an, bleibt genug Zeit, damit ihre abstoßende Kraft wirksam wird und für die Trennung sorgt. Bewegen sie sich jedoch mit hoher Geschwindigkeit aufeinander zu, kann sie ihre gegenseitige elektrische Abstoßung nicht ausreichend abbremsen, um einen Zusammenstoß zu verhindern.

In der Sonne wird dies wie in einer Wasserstoffbombe erreicht, indem der Wasserstoff auf außergewöhnlich hohe Temperaturen erhitzt wird. Bei einer so hohen Temperatur fliegen die Wasserstoffkerne mit enormen Geschwindigkeiten umher und ermöglichen die Fusion, weil sie mit einer derart hohen Geschwindigkeit zusammenstoßen.

Berechnungen zeigen, dass die für diese Reaktion erforderliche Temperatur im Kern eines Sterns etwa 5.000.000 °C beträgt. Bei dieser Temperatur verdampfen alle festen Stoffe und Flüssigkeiten zu Gas, alle Moleküle zerfallen zu einzelnen Atomen, und die Elektronen werden all diesen Atomen entrissen und lassen die Atomkerne entblößt zurück.

Diese Temperatur von 5.000.000 °C stellt das Minimum dar, bei dem ein Stern mittels eines Fusionsprozesses strahlen kann. Die Sonne ist aber noch heißer, sie hat eine Kerntemperatur von etwa 15.000.000 °C! Und wie oben erwähnt ist die Sonne kein besonders bemerkenswerter Stern. Schwerere Sterne erzeugen in ihren Kernen weit höhere Temperaturen – bis zu 50.000.000 °C.

Der Zeitabschnitt, in dem ein Stern in seinem Kern Wasserstoff in Helium verwandelt, wird in dem bekannten Schema der Sterngeschichte als „Hauptreihenphase“ bezeichnet und umfasst den Großteil des Sternenlebens. Die Sonne hat etwa die Hälfte ihrer Hauptreihenphase durchlaufen und hat dort noch etwa 5 Mrd. Jahre zu verbringen. Wesentlich schwerere Sterne, die heller leuchten und ihren Brennstoff schneller verbrennen, durchlaufen die Hauptreihe 1000 Mal schneller.

Wenn ein Stern den gesamten Wasserstoff in seinem Kern in Helium verwandelt hat, enden die Fusionsreaktionen, und der Stern fängt an, unter altersbedingten Gesundheitsproblemen zu leiden. Im Prinzip könnte das Helium, das sich jetzt im Kern befindet, weiter zu schwereren Elementen verschmelzen. Da aber der Kern des Heliumatoms verglichen mit dem des Wasserstoffatoms eine doppelte positive Ladung hat, ist die elektrische Abstoßung zwischen zwei Heliumkernen viel stärker als zwischen zwei Wasserstoffkernen: Selbst bei den außergewöhnlichen Temperaturen im Zentrum des Sterns findet keine Heliumfusion statt.

Nachdem seine Wärmequelle erloschen ist, beginnt der Kern des Sterns unter seiner eigenen Schwerkraft zu kollabieren, wird dadurch kleiner, dichter und noch heißer. Der Stern wird zu einem „Roten Riesen“ (mehr darüber in Kap. 5). Schließlich erreicht die Temperatur des Kerns 100.000.000 °C, und damit eine Temperatur, bei der sich auch die Heliumteilchen schnell genug bewegen, um beim Zusammenstoß zu Kohlenstoff zu verschmelzen. Der Stern kann ein zweites Mal „Luft holen“ und erreicht eine Phase relativer Stabilität: Er befindet sich nun auf dem „Horizontalast“ der Sternentwicklung.

Aber irgendwann ist unweigerlich auch das Helium aufgebraucht. Für einen Stern wie die Sonne bedeutet das schon fast das Ende. Der Kern wird weiter komprimiert und aufgeheizt, aber die Masse reicht nicht aus, um weitere Fusionen auszulösen. Eine Reihe komplizierter Zuckungen beginnt, die schließlich dazu führen, dass die äußeren Schichten des Sterns fortgeblasen werden und einen wunderschön leuchtenden planetarischen Nebel wie den Red-Spider-Nebel bilden. Was einmal der Kern des Sterns war, bleibt als Weißer Zwerg zurück. Die unglaublich heiße, langsam abkühlende, dichte Glut ist alles, was vom zentralen Triebwerk übrigbleibt.

Für Sterne, die schwerer als die Sonne sind, ist aber das Spiel noch nicht aus. Sobald sämtliches Helium zu Kohlenstoff verschmolzen ist, erhitzt sich der Kern weiter, bis bei unvorstellbaren 600.000.000 °C der Kohlenstoff zu verschmelzen beginnt und Sauerstoff, Neon, Magnesium und Natrium bildet. Für die allerschwersten Sterne mit Massen von mehr als dem Acht- bis Zehnfachen der Sonne geht der Weg ins Verderben noch weiter. Steigt die Temperatur im Kern des Sterns auf über 1.500.000.000 °C, verschmilzt der Sauerstoff zu Silizium, Schwefel und Phosphor. Und bei etwa 3.000.000.000 °C verschmilzt dann Silizium zu Eisen.

An diesem Punkt hat der Stern sein Lebensende nahezu erreicht, denn Eisen ist das stabilste Element im Universum und widersetzt sich weiteren Fusionen. Da alle Fusionsprozesse zu Ende sind, kollabiert der hauptsächlich aus Eisen bestehende Kern des Sterns nun weiter und wird komprimiert, bis er eine Temperatur von etwa 5.000.000.000 °C erreicht. Ja: 5 Mrd. Grad! Er wird schließlich zu einer fast nur aus Neutronen bestehende Kugel mit einem Durchmesser von ganzen 25 km. Die bestehenden äußeren Schichten des Sterns stürzen auf diesen neugebildeten „Neutronenstern" und verursachen dabei eine riesige „Supernova-Explosion", die die äußeren Teile des Sterns auseinander reißt und sie mit hoher Geschwindigkeit ins Weltall sprengt.

Die Millionen und Milliarden Grad, die in den Zentren von Sternen erreicht werden, sind gewaltig. Aber solch extreme Bedingungen sind erforderlich, um das Licht von ungezählten Billionen von Sternen innerhalb des Universums zu erzeugen. Die Strahlung der Sonne, die für das Leben auf der Erde unentbehrlich ist, beruht auf Extremtemperaturen, die weit jenseits unserer Vorstellung liegen.

Temperaturen, die alle Skalen sprengen

Die Zentren von Sternen sind heiß, aber wie Sie vielleicht mit Recht vermuten, ist das noch nichts im Vergleich zu den Temperaturen während der allerfrühesten Momente des Universums. Vor etwa 13,8 Mrd. Jahren begann das Universum mit einem „Urknall“, und wie wir gleich sehen werden, hat es sich inzwischen so weit abgekühlt, dass der leere Raum, der den Großteil des Universums darstellt, äußerst kalt ist. Aber wenn wir die Uhren zurückdrehen und die Zeit rückwärts laufen lassen, wird der Kosmos in der Tat immer heißer. Wie heiß wird er, wenn wir zu seinen allerfrühesten Momenten zurückgehen?

Wir beginnen mit der Situation nur 1 Sekunde nach dem Urknall, dem Beginn des Universums. Wir können zwar keine Messungen oder Beobachtungen dieser Epoche durchführen, aber wir können von dem, was wir jetzt sehen, relativ genau zurückrechnen und damit die Bedingungen zu dieser Zeit abschätzen. Als das Universum 1 Sekunde alt war, herrschte überall eine Temperatur von etwa 10.000.000.000 °C, es war also doppelt so heiß wie im Zentrum eines massereichen Sterns im letzten Moment seines Lebens. Bei dieser Temperatur konnten noch keine Atome existieren: ihre Bausteine – Protonen, Neutronen und Elektronen – flogen noch frei in alle Richtungen umher. Sie stießen zwar gelegentlich zusammen, hatten aber noch zu viel Energie, um jemals aneinander haften zu bleiben.

Gehen wir noch weiter zurück, bis zu einer millionstel Sekunde nach dem Urknall. Die Temperatur des Universums betrug nun 10.000.000.000.000 °C! Das Universum war voller kleiner Teilchen, „Quarks" genannt, die anfingen, sich zusammenzutun, um Protonen und Neutronen zu bilden. (Quarks, die ihren eigenartigen Namen in den 1960er-Jahren zu Ehren einer Zeile in James Joyces Werk *Finnegans Wake* erhielten, sind fundamentale Bestandteile der Materie. Es gibt verschiedene Arten von Quarks, und durch unterschiedliche Kombinationen dreier Quarks entstehen Teilchen wie Protonen und Neutronen.)

Verstehen wir den Urknall schon so gut, um noch weiter zurückgehen zu können? Vielleicht in die Zeit vor einer millionstel Sekunde nach dem Urknall? Es ist unglaublich, aber das geht. Zehn billionstel (0,00000000001) Sekunden nach dem Urknall betrug die Temperatur etwa 10.000.000.000.000.000 °C. Das Universum war eine Suppe von Elementarteilchen wie Quarks, Leptonen (eine Familie subatomarer Teilchen, zu der das Elektron gehört) und Gluonen (Teilchen, die die Quarks zusammenleimen). Von diesen Teilchen gehörten etwa 50 % zur normalen Materie, die bei niedrigeren Temperaturen die Bausteine für unsere Körper und die Welt um uns herum liefert. Die anderen 50 % waren aber „Antimaterie" – ähnliche Teilchen, jedoch mit entgegengesetzter elektrischer Ladung.

Antimaterie kann auf der Erde nur unter ganz besonderen Bedingungen existieren, denn wenn ein Materieteilchen mit seinem Zwilling aus Antimaterie in Kontakt kommt, vernichten sie sich gegenseitig in einem Energieblitz. Aber unter den extremen Bedingungen des sehr frühen Universums waren Materie und Antimaterie zu heiß, um miteinander wechselwirken zu können, sie existierten daher noch in nahezu gleichen Anteilen.

Die vermutlich früheste Zeit, über die wir sinnvoll sprechen können, ist 0,00000000000000000000000000000000000000000001 Sekunden nach dem Urknall, als die Temperatur 100.000.000.000.000.000.000.000.000.000.000 °C betrug. Gehen wir in noch frühere Phasen zurück, können wir die Zeit an sich nur noch schwer definieren. Wir bewegen uns dann in eine Ära, die jenseits unseres momentanen physikalischen Verständnisses liegt. Außerdem wird es schwierig, zu sagen, was wir überhaupt mit Temperatur meinen.

Warum? Nun, wie ich vorher erklärt habe, entspricht die Temperatur eines Objekts der Geschwindigkeit, mit der sich die individuellen Teilchen bewegen und vibrieren. Aber in den allerersten Phasen des Universums ist nicht klar, ob Teilchen, wie wir sie verstehen, überhaupt existieren konnten. Die Extremtemperaturen des Universums sind nicht nur jenseits unserer Vorstellungskraft, sondern vielleicht sogar jenseits dessen, was jemals sinnvoll gemessen werden könnte.

Die große Kälte

Wir haben gesehen, dass es für die Wärme des Universums fast keine Grenzen gibt. Wie zuvor erklärt, entspricht eine immer weitere Temperaturzunahme immer schneller werdenden Bewegungen der einzelnen atomaren und subatomaren Teilchen. Aber überlegen wir jetzt, was im entgegengesetzten Fall extremer Kälte passiert.

Wenn man etwas abkühlt, werden die Bewegungen der Atome oder Moleküle zunehmend schwerfällig. Daraus folgt sofort, dass es eine kälteste aller Kälten geben muss, einen Grad an Kälte, bei dem jedes Teilchen zum Stillstand kommt und regungslos auf seinem Platz verharrt.

Dass es wahrscheinlich eine Grenze für die Kälte gibt, stellten Wissenschaftler vor mehr als 300 Jahren zum ersten Mal fest. Diese Grenze, die, wie wir heute wissen, bei −273,15 °C liegt, wird als „absoluter Nullpunkt" bezeichnet und ist die tiefste Temperatur, die ein Objekt überhaupt haben kann. Genau genommen verbieten es die Gesetze der Physik, dass irgendein Objekt den absoluten Nullpunkt jemals ganz erreicht, aber es gibt keine Schranke, sich dem Punkt immer mehr anzunähern. Mit diesem Wissen sind wir nun bereit, uns den kältesten Orten im Kosmos zuzuwenden.

Das All ist kalt. Wie kalt? Um genau zu sein: Derzeit beträgt die Durchschnittstemperatur des Universums −270,42 °C, sie liegt also 2,73 Grad über dem absoluten Nullpunkt.

Bei Experimenten in Laboratorien auf der Erde gelang es, bis auf ein milliardstel Grad an den absoluten Nullpunkt heranzukommen. Das erfordert aber äußerst komplizierte (und teure!) Geräte. Bedenkt man, dass dem Universum keine solchen Geräte zur Verfügung stehen, ist das Weltall zweifellos beeindruckend kalt. Es ist sicherlich viel kälter, als jedes gewöhnliche Thermometer es messen könnte. Das klassische Quecksilberthermometer gefriert beispielsweise bei −38 °C. Selbst ein Alkoholthermometer gibt bei etwa −100 °C seinen Geist auf. Wie können wir dann die noch viel tieferen Temperaturen des Weltraums überhaupt messen? Und viel wichtiger: Was hält das Universum davon ab, sich bis auf Haaresbreite über dem absoluten Nullpunkt abzukühlen?

Gehen wir zunächst für einen Moment zu Plancks Gesetz der Schwarzkörperstrahlung zurück, das die Temperatur eines Objekts zu seiner Farbe, also der Frequenz des von ihm ausgestrahlten Lichts in Beziehung setzt.

Im Fall heißer Weißer Zwerge haben wir gesehen, dass es Objekte gibt, die so heiß sind, dass sie kaum noch im sichtbaren Bereich des Spektrums strahlen, sondern den größten Teil ihrer Energie als UV-Licht oder Röntgenstrahlung aussenden. Auch besonders kalte Objekte strahlen mit einem Licht, das für unser Auge unsichtbar ist, nur befinden wir uns nun auf der anderen Seite des sichtbaren Spektrums. Der menschliche Körper mit seiner Temperatur von 37 °C emittiert beispielsweise im infraroten Bereich, der für das bloße Auge unsichtbar ist, aber mit Hilfe eines Nachtsichtgeräts wahrgenommen werden kann. Noch kältere Objekte strahlen Mikrowellen oder Radiowellen aus.

In den späten 1940er-Jahren wurde den Wissenschaftlern klar, dass auch das gesamte Universum, wenn es eine bestimmte Temperatur hat, mit der entsprechenden Frequenz strahlen muss. Und tatsächlich berichteten 1965 zwei Physiker, Arno Penzias und Bob Wilson, in einem harmlos klingenden wissenschaftlichen Artikel mit dem Titel „A measurement of excess antenna temperature at 4080 megacycles per second“ („Eine Messung von Zusatzrauschen bei 4080 Megahertz“) von ihrer zufälligen Entdeckung dieser alles erfüllenden kosmischen Strahlung. Die Strahlung, die die beiden entdeckten, hat eine Frequenz im Mikrowellenbereich des elektromagnetischen Spektrums, die einer Temperatur von – 270 °C entspricht. Penzias und Wilson erhielten 1978 den Nobelpreis in Physik für ihre Entdeckung dieser „kosmischen Mikrowellen-Hintergrundstrahlung" („Cosmic Microwave Background", CMB).

Diese Entdeckung ist sicherlich interessant, aber weshalb verdiente sie einen Nobelpreis? Weil die Hintergrundstrahlung, das schwache universelle Leuchten des kalten Weltraums, als äußerst stichhaltiger Beleg dafür angesehen wird, dass unser Universum vor 13,8 Mrd. Jahren plötzlich durch den Urknall entstanden ist. Auch wenn wir noch nicht wissen, was genau diesen Urknall ausgelöst hat, haben nach unserem aktuellen Verständnis in diesem Moment sowohl Raum als auch Zeit begonnen. Seither dehnt sich das Universum in alle Richtungen weiter aus.

Nach den ersten äußerst extremen Momenten nach dem Urknall, die ich oben beschrieben habe, verbrachte das Universum die nächsten paar hunderttausend Jahre als unglaublich dichte Suppe von Protonen, Neutronen und Elektronen. Ein Beobachter hätte zu dieser Zeit in dichtem Nebel gesteckt, da jeder noch so kleine Lichtblitz von irgendeinem Objekt umgehend mit einem nahegelegenen Elektron kollidiert wäre. Aber als das Universum sich ausdehnte und abkühlte, erreichte es einen Punkt, an dem es zu einer abrupten Umstellung kam: Etwa 380.000 Jahre nach dem Urknall kombinierten sich Elektronen und Protonen und bildeten Wasserstoffatome. Zu diesem Zeitpunkt betrug die Temperatur des Universums etwa 2700 °C, und das Universum war dementsprechend in rötlich-gelbes Leuchten gehüllt. In den 13,8 Mrd. Jahren, die dann folgten, hat sich das Universum stetig weiter abgekühlt, um seinen aktuellen kalten Zustand zu erreichen. In der Zukunft wird die Temperatur weiter abnehmen und sich langsam immer weiter der tiefsten möglichen Temperatur nähern, dem absoluten Nullpunkt bei -273,15 °C, ohne ihn jemals ganz zu erreichen.

Astronomen haben viel Mühe darauf verwendet, andere Erklärungen dafür zu finden, was zu dem schwachen, gespenstischen Glimmen der kosmischen Hintergrundstrahlung geführt haben könnte, aber es scheint nur eine Möglichkeit zu geben: Die unvorstellbar frostige Temperatur des Weltalls von -270,42 °C ist das verblassende Echo der feurigen Anfänge des Universums vor Milliarden von Jahren. Dieses kaum messbare Leuchten ist ein entscheidender Schlüssel, der uns geholfen hat, die Ursprünge des Kosmos zu verstehen.

Kälter als der Kosmos

Gibt es irgendwelche Teile des Weltraums, die noch kälter sind als die kosmische Hintergrundstrahlung? Die Antwort sollte „Nein" lauten, denn selbst wenn es solche Bereiche gäbe, würden sie im Licht dieser Strahlung baden, was sie auf die gleiche Temperatur von -270,42 °C „aufheizen" würde, wie sie überall sonst herrscht.

Es ist aber bemerkenswert, dass es zumindest einen Bereich des Universums gibt, der noch kälter als alles andere ist. Es ist der „Bumerang-Nebel" im Sternbild Zentaur, ein weiterer planetarischer Nebel, der dem Red-Spider-Nebel ähnelt. Er ist aus den Gasschichten entstanden, die von einem sterbenden Stern abgesondert wurden. Wie schon angemerkt, wird unsere Sonne in Milliarden von Jahren, wenn ihr der Brennstoff ausgeht und sie sich dem Ende ihres Lebens nähert, ihren eigenen Nebel erzeugen, der dem Bumerang-Nebel recht ähnlich sehen könnte. Aber wie keine Schneeflocke exakt der anderen gleicht, ist auch jeder planetarische Nebel ein wenig anders, je nachdem, wie alt er ist und wie groß die Masse, die Zusammensetzung und andere Eigenschaften des Zentralsterns sind.

Der Bumerang-Nebel ist jedoch besonders ungewöhnlich. In diesem Fall entwickelte der Stern, der den Nebel erzeugte, eine extrem starke Gasausströmung: In den letzten 1500 Jahren seines Lebens wurde mit ihr Materie mit einer Geschwindigkeit von fast 600.000 km/h von der Sternoberfläche weggeweht. Dadurch wurde in jeder Sekunde die enorme Menge von 60.000.000.000.000.000 t abgestoßen!

1990 erkannte der Astronom Raghvendra Sahai, dass in solch extremen Objekten die Ablöseströmung möglicherweise nicht nur eine hohe Geschwindigkeit hat, sondern dass sich ihr Bereich beim Wegströmen vom Stern auch rasch ausdehnt. Diese schnelle Ausdehnung kann einen dramatischen Temperatursturz verursachen, so wie das plötzliche Verdampfen und die Ausdehnung von Kühlmittel in Ihrem Kühlschrank zu Hause die niedrigen Temperaturen erzeugen, die Ihre Nahrungsmittel frisch halten. (Genau das Gegenteil passiert, wenn man Gas komprimiert: Es erhitzt sich. Falls Sie jemals bemerkt haben, wie heiß Ihre Luftpumpe ist, nachdem Sie Ihr Fahrrad aufgepumpt haben, wissen Sie, was ich meine.)

Einige Jahre später beschlossen Sahai und sein Kollege Lars-Åke Nyman, ihre Theorie am Bumerang-Nebel zu testen. Sie benutzten ein Teleskop in Chile, um die Temperatur des Gases in diesem Nebel zu messen und zeigten, dass es tatsächlich auf eine sehr tiefe Temperatur herabgekühlt ist. Die Überraschung war, *wie* tief die Temperatur war: Die Analyse der Daten ergab, dass das Gas im Bumerang-Nebel eine Temperatur von –272 °C hat und somit kälter ist als der kosmische Mikrowellenhintergrund! Obwohl der Zentralstern, der den Bumerang-Nebel antreibt, sehr heiß ist, hat die Kombination aus der extrem hohen Geschwindigkeit des Gasstroms und seiner raschen Ausdehnung den kältesten natürlich vorkommenden Ort erzeugt, den wir im Universum kennen. Er hat eine Temperatur, die sogar noch unterhalb der extremen Kälte des ihn umgebenden Weltraums liegt.

3
Hell und dunkel: Extreme der Helligkeit

Ich leide an „Autosomal Dominant Compelling Helio-ophthalmic Outbursts of Sneezing“, auch ACHOO-Syndrom genannt, einem „photischen Niesreflex“.

Keine Angst, es ist nicht so schlimm wie es sich anhört. Es bedeutet, dass ich immer, wenn meine Augen hellem Sonnenlicht ausgesetzt sind, niesen muss. ACHOO ist sehr weit verbreitet, etwa 20–30 % der Menschheit sind davon betroffen. Für mich heißt es, dass ich immer erst prüfen muss, ob die Sonne scheint, bevor ich ins Freie gehe. Wenn es wolkig ist, ist alles in Ordnung, aber wenn die Sonne scheint, muss ich zusehen, dass ich meine Sonnenbrille trage, um nicht von einem Niesanfall heimgesucht zu werden.

Sonnenlicht mag nicht auf jeden genau diese Wirkung haben, aber für die meisten Menschen spielt es immer eine Rolle, ob die Sonne scheint oder nicht. Für viele von uns ist ein sonniger Tag Anlass dafür, Sonnencreme aufzutragen oder unsere Wäsche zum Trocknen rauszuhängen oder unser Auto zu waschen. Selbst die belanglosen Dinge des täglichen Lebens richten sich danach, ob wir die Sonne sehen können.

Fast alle Formen von irdischem Leben sind auf die Energie der Sonne angewiesen, um überleben zu können und werden vom 24-stündigen Tag-und-Nacht-Rhythmus bestimmt. Der Sonnenschein versorgt Pflanzen und Bäume mit dem notwendigen Licht für die Photosynthese. Die Dunkelheit der Nacht ist für viele Tiere Schlafenszeit und eine Zeit, in der sie nicht so leicht gefunden und gefressen werden können. Für jedes Lebewesen auf der Erdoberfläche sind helles Licht und tiefe Dunkelheit normale Bestandteile der täglichen Existenz.

Gelegentliche Ausflüge in eine unterirdische Höhle ausgenommen, befinden wir uns aber nur selten in fast vollständiger, undurchdringlicher Dunkelheit. Und sofern wir nicht direkt in die Sonne schauen, ist das Tageslicht für uns nicht unerträglich hell. Aber andernorts im Universum gibt es Extreme von Dunkelheit und Helligkeit, die weit über das hinausgehen, was wir selbst jemals erleben werden.

Kosmischer Feinstaub

Ich bin in einer Großstadt aufgewachsen. Wenn ich als Kind stundenlang bei uns im Garten die Sterne beobachtete und mir die Sternbilder einprägte, war der Nachthimmel leider aufgrund all der Straßenlaternen und der Lichter von Häusern in der Umgebung nicht besonders spektakulär.

Deshalb werde ich auch nie das erste Mal vergessen, als es hinaus aufs Land ging. Wir fuhren den ganzen Tag und kamen bei Sonnenuntergang in unserem Hotel an. Wir gingen auf unser Zimmer, packten unsere Taschen aus und schauten etwas fern. Einige Stunden später, als es vollkommen dunkel war, ging ich nach draußen und musste plötzlich meinen Kopf einziehen, da mein Instinkt mir sagte, dass sich etwas direkt über der Tür befand, an das ich gleich anstoßen würde. Ich schaute hoch, um zu sehen, was es sein konnte, und entdeckte, dass es der Nachthimmel war! Sterne, Sterne und noch mehr Sterne, wo ich auch hinschaute, und die prachtvolle Milchstraße, die einen riesigen Bogen quer über den Himmel spannte.

Jedes Mal, wenn ich wieder aufs Land fahre, freue ich mich am meisten darauf, diesen Moment wieder zu erleben. Es ist schade, dass dieses tolle Bild, das am Himmel aufgespannt ist, dass dieses Schauspiel, das die Menschen seit Tausenden von Jahren bestaunt haben, nun kaum noch durch die „Lichtverschmutzung" dringt, die unsere Dörfer und Städte umgibt.

Falls Sie jedoch auch schon einmal den Lichtern der Stadt entkommen sind und in einer dunklen Nacht hochgeschaut haben, werden Sie wissen, dass der Nachthimmel alles andere als dunkel ist. Das Strahlen heller Sterne, die Muster der verschiedenen bekannten Sternbilder und das breite leuchtende Band der Milchstraße können schillernd hell sein. Das Universum mag weitestgehend ein kalter und leerer Ort sein, aber wenn man unseren eigenen Nachthimmel als Anhaltspunkt nimmt, liegt der Schluss nahe, dass es nie dunkel sein wird – gleichgültig wo man sich in ihm befindet.

Wenn Sie allerdings einmal in einer klaren Nacht genauer hinschauen und lange genug warten, bis sich Ihre Augen angepasst haben, werden Sie auch tiefschwarze Stellen am Himmel bemerken, an denen es keine Sterne zu geben scheint. Mit am bekanntesten ist der „Kohlensack", eine Region am Rand des Kreuz des Südens. Der Bereich, in dem kaum Sterne zu erkennen sind, ist etwas kleiner als

Ihre ausgestreckte Hand. Es gibt ein noch spektakuläreres Beispiel, das allerdings zu klein ist, um es ohne Teleskop sehen zu können: „Barnard 68", ein winziger Fleck im Sternbild Schlangenträger, der aussieht, als hätte jemand eine Schere genommen und alle Sterne aus dem Nachthimmel herausgeschnitten.

Der Kohlensack und Barnard 68 sind keine sternlosen Orte, sondern dichte Gaswolken, die das Licht dahinter blockieren. Als „Dunkelwolken" oder „Molekülwolken" bekannt, sind sie die dunkelsten Regionen unseres Universums – ihr Inneres ist fast vollkommen ohne Licht.

Stellen wir uns vor, eine dieser Wolken zieht durch unseren Teil der Milchstraße und umhüllt die Erde, die Sonne sowie den Rest des Sonnensystems. In der Richtung, aus der sich die Wolke annähert, erkennen wir einen tiefschwarzen, dunklen Fleck, der schließlich das gesamte Sternenlicht einer Hälfte des Himmels abdunkelt. Schauen wir dagegen in die andere Richtung, also in den freien Weltraum, bemerken wir zunächst überhaupt keine Veränderung. Die Sterne in dieser Richtung erschienen so hell wie immer.

Nach etwa 2000 Jahren (bis dahin hat das Zentrum der Wolke schon 20 % des Weges zu uns zurückgelegt), ist die Himmelshälfte in Richtung der Wolke immer noch völlig schwarz, aber auch die andere Hälfte des Himmels fängt nun an, sich zu verdunkeln. Über die Jahrhunderte hat sich das Licht von den verschiedenen Sternen und Sternbildern um etwa den Faktor 6 abgeschwächt – nur etwa 150 Sterne sind noch hell genug, um mit bloßem Auge sichtbar zu sein.

Nach weiteren 2000 Jahren hat sich die verbleibende Hälfte des Himmels um einen Faktor 20 verdunkelt, sodass wir nur noch zehn Sterne ohne Hilfsmittel sehen können. Und nach weiteren 2000 Jahren (insgesamt 6000 Jahre nach unserer ersten Begegnung mit der Wolke) können wir mit bloßem Auge überhaupt keinen Stern mehr sehen.

Nach 10.000 Jahren ist dann unser Sonnensystem vollständig umhüllt und befindet sich nahe des Zentrums dieser enormen Wolke. Wie dunkel ist der Himmel nun? Das Licht von der Sonne ist zum Glück so gut wie nicht betroffen. Die Tage erscheinen normal, und wir sind auch noch in der Lage, das Sonnenlicht, das den Mond und die Planeten anstrahlt und von diesen reflektiert wird, zu sehen.

Aber ansonsten ist der Nachthimmel vollkommen leer. Das Licht aus dem restlichen Universum ist um den Faktor 1.000.000.000.000 abgedunkelt. Der hellste Stern am Himmel ist mit dem bloßen Auge nicht mehr auszumachen und an der Grenze dessen, was das leistungsstarke Hubble-Weltraumteleskop erkennen kann. Alle anderen Sterne am Himmel sind für jedes Teleskop völlig unsichtbar.

Wäre die Menschheit in einer solchen Umgebung entstanden, hätte sie vielleicht überhaupt keine Teleskope entwickelt, um nach Sternenlicht zu suchen. Unsere Neugier für den Nachthimmel war schließlich von unserem Wunsch getrieben, die Sterne besser zu verstehen. Ohne Sterne, die wir betrachten und bestaunen können, ist es zweifelhaft, dass die Astronomie eine so wichtige Rolle in unserer Geschichte eingenommen hätte.

Was macht diese Wolken so dunkel? Zum großen Entsetzen meiner Mutter ist das Universum mit Staub gefüllt. Es sind keine Haarreste, und es ist nicht Ruß oder Schmutz, der vielleicht den Staub in Ihrem Wohnzimmer ausmacht, es sind vielmehr winzige Partikel aus Silikaten, Graphit und

Eis, jeweils viel weniger als ein tausendstel Millimeter im Durchmesser. Wenn der Lichtstrahl von einem Stern auf ein solches Staubkorn trifft, wird er entweder absorbiert oder in eine andere, zufällige Richtung gestreut. Sind ausreichend viele solche Staubkörner versammelt, durchdringt nur sehr wenig Licht die Wolke. Dunkelwolken sind besonders staubreich und hindern somit praktisch alles Licht aus dem Rest des Universums daran, in ihr Inneres vorzudringen.

Der Gedanke, dass es Orte in unserer Galaxie gibt, die so vollständig von der Pracht des Rests des Universums abgeschnitten sind, bereitet mir etwas Unbehagen. Es ist zwar schon viele Jahre her, dass ich mich vor der Dunkelheit fürchtete, aber die Vorstellung einer völlig undurchdringlichen Schwärze, eines Orts im Universum, an dem der Rest des Kosmos für immer verborgen ist, erfüllt mich mit einem Gefühl von Einsamkeit und Abgeschiedenheit. Andererseits wäre ohne diese dunklen, staubreichen Nebel vielleicht niemals Leben auf der Erde entstanden.

Dunkelwolken sind nämlich unglaublich wichtige Schmelztiegel und gehören zu den wenigen Orten im Universum, an denen sich komplexe Moleküle bilden können. Moleküle sind die Kombinationen zweier oder mehrerer Atome. Ein einfaches Molekül ist H_2O: Zwei Wasserstoffatome, die an ein Sauerstoffatom gebunden sind, ergeben ein Wassermolekül. Moleküle können aber auch ungeheuer komplizierte Gebilde sein wie das aus Hunderten von Millionen sorgfältig angeordneter Atome bestehende Molekül der menschlichen DNA.

Aber betrachten wir zunächst das häufigste Molekül im Universum, die Verbindung zweier Wasserstoffatome zu

„molekularem" Wasserstoff, der mit H_2 abgekürzt wird. Das Universum ist voll von einzelnen Wasserstoffatomen, aber nur in den wenigsten Fällen bilden sich H_2-Moleküle. Dafür gibt es zwei einfache Gründe.

Erstens: Wie wir in Kap. 11 sehen werden, ist das meiste Gas im interstellaren Raum extrem verdünnt, sodass die Chancen, dass sich zwei Wasserstoffatome jemals treffen und vereinigen, äußerst gering sind.

Zweitens: Wenn dann doch einmal zwei Wasserstoffatome zusammenstoßen, benötigen sie Zeit, um eine Verbindung einzugehen und zu einem Molekül zu werden, genau wie Sie einem „Superkleber" Zeit geben müssen, wenn Sie eine zerbrochene Teetasse wieder zusammenkleben. Die zufällig zusammenstoßenden Wasserstoffatome prallen aber wie Billardkugeln sofort wieder voneinander ab. Ihr Kontakt dauert nicht annähernd so lang wie es nötig wäre, damit sich ein H_2-Molekül bildet.

Aber wie entsteht H_2 dann überhaupt? Die Antwort gibt uns der Staub. Staubkörner in Dunkelwolken sind keine winzig kleinen harten Kugeln, sondern eher angenagte, eingedellte, verzerrte Bröckchen, die mikroskopisch kleinen Goldnuggets ähneln. Ein Staubkorn hat eine Menge Aushöhlungen und Ecken, ideal um ein Wasserstoffatom einzufangen und zu halten. Wenn ein einsames Wasserstoffatom auf ein Staubkorn trifft, passiert häufig genau das: Das Atom prallt nicht ab, sondern bleibt an dem Staubkorn hängen und wird in einem vorhandenen Loch oder an einem Haken festgehalten. Das Atom bewegt sich nun mit dem Staubkorn weiter, und manchmal wird auf die gleiche Weise ein weiteres einzelnes Wasserstoffatom eingefangen. Wenn die beiden Atome, die am Staubkorn hängen, nahe genug beieinander sind, können sie sich zu einem H_2-Molekül zusammenschließen! Das Molekül verliert irgendwann seinen Halt an dem Staubkorn, und die Wasserstoffatome fliegen nun als Paar in Molekülform frei umher.

Dunkelwolken sind nicht nur wesentlich für die Bildung von Molekülen, sondern auch dafür, dass diese nicht wieder in ihre Bestandteile zerfallen. Moleküle sind vergleichsweise zerbrechlich und überleben unter den rauen Bedingungen des Weltraums nicht allzu lange. Selbst das schwache Licht ferner Sterne verfügt gewöhnlich über ausreichend Energie, um die meisten Moleküle in ihre einzelnen Atome aufzuspalten. Dunkelwolken sind also nicht nur eine der wenigen Umgebungen, in denen sich überhaupt Moleküle bilden können, sondern sind auch ein Ort, an dem diese Moleküle sanft und schrittweise zu zunehmend komplizierteren Gebilden anwachsen können, ohne Gefahr zu laufen, durch Sternenlicht von außen wieder in ihre Bestandteile zerlegt zu werden.

Die astronomische Forschung konnte zeigen, dass Dunkelwolken mit allen möglichen Molekülen ausgestattet sind. Die häufigsten sind Wasserstoff (H_2) und Kohlenmonoxid (CO), aber es konnte auch eine große Zahl komplizierterer Moleküle nachgewiesen werden, darunter Distickstoffmonoxid (Lachgas), Aceton (der Hauptbestandteil von Nagellackentferner), Ethanol (Alkohol) und auch, vielleicht unausweichlich, Acetaldehyd (die Substanz, die den Kater verursacht).

Wir wissen noch nicht, wie das Leben auf der Erde begann, aber wir vermuten, dass es irgendwie aus einer komplexen Suppe organischer Moleküle, die sich in den frühen Phasen der Erde bildete, hervorging. Es scheint nun wahrscheinlich, dass viele dieser Moleküle auf die junge Erde regneten, als diese mit Asteroiden bombardiert wurde, die mit den Molekülen beladen waren, die sich in Dunkelwolken gebildet hatten. Es sind somit die sternlosen, fast völlig dunklen Umgebungen dieser dichten Wolken, die wahrscheinlich für unsere Existenz verantwortlich sind.

Ein grandioser Anblick

Kehren wir zurück zu dem schönen Sternenhimmel, den wir in einer klaren, dunklen Nacht von der Erde aus sehen. Dieses Panorama, so grandios es aussieht, besteht lediglich aus den paar tausend Sternen, die hell genug sind, um mit bloßem Auge sichtbar zu sein. Das ist nur ein winziger Bruchteil der Hunderte Milliarden Sterne in der gesamten Milchstraße – von all den Sternen in den vielen Milliarden anderer Galaxien weit draußen im All ganz zu schweigen.

Einige Sterne am Himmel sind jedoch nicht das, wonach sie aussehen. Nehmen wir den Stern, der als „Omega Centauri" bekannt ist: Er liegt über 15.000 Lichtjahre entfernt im Sternbild Zentaur, ist recht leicht mit bloßem Auge zu sehen und wird schon seit Jahrtausenden in Sternkatalogen aufgeführt. Ein aufmerksamer Beobachter wird jedoch bemerken, dass das Licht von Omega Centauri nicht die Form eines Stecknadelkopfs hat, sondern einer kleinen, unscharfen milchiggrauen Kugel ähnelt. Beim Blick durch ein Teleskop wird alles klar: Omega Centauri ist kein Stern, sondern ein „Kugelsternhaufen", eine dicht gepackte Ansammlung von mehr als einer Million Sternen.

Wir kennen inzwischen mehr als 150 Kugelsternhaufen in unserer Milchstraße, von denen aber nur Omega Centauri und zwei oder drei andere hell genug sind, um mit bloßem Auge sichtbar zu sein. Kugelsternhaufen sind aus mehreren Gründen bemerkenswert, aber ihre erste und wesentlichste Eigenschaft ist, dass sie Orte sind, an denen Sterne unglaublich nah beieinander zu finden sind. Ein typischer Kugelsternhaufen besteht aus etwa 500.000 bis 1.000.000 Sterne die alle innerhalb einer Region von nur 30 Lichtjahren Durchmesser liegen. Das ist eine außergewöhnlich beengte Situation, wie ein Vergleich zeigt: Nur etwa 500 Sterne sind weniger als 30 Lichtjahre von der Sonne entfernt.

Würden wir von einem Planeten innerhalb eines Kugelsternhaufen in den Abendhimmel schauen, hätten wir ein unglaublich reichhaltiges und kompliziertes Bild vor uns. Von der Erde aus gesehen umfasst beispielsweise das Sternbild des Kreuz des Südens (das kleinste der insgesamt 88 offiziell anerkannten Sternbilder des Himmels) vier helle Sterne (wie auf der Flagge Neuseelands dargestellt) plus einen fünften, schwächeren (der auf der australischen Flagge dazu kommt). Wenn wir jedoch innerhalb eines Kugelsternhaufens leben würden, enthielte ein ähnlich großer Himmelsausschnitt 1000 Sterne! Und das überall am Nachthimmel, gleichgültig in welche Richtung wir schauen würden.

Diese Sterne wären insgesamt so hell wie der Vollmond – ein Schauspiel, das wir in jeder Nacht des Jahres hätten. Es wäre natürlich schwierig, sich Geschichten, Legenden oder eine Mythologie auszudenken, in der ein solcher Himmel eine Rolle spielen würde, denn es wäre unmöglich, irgendwelche Muster oder Sternbilder zu erkennen. Wir würden einfach Sterne und nochmal Sterne sehen, ganz gleich wohin wir schauten. Selbst die prächtige Milchstraße, jenes leuchtend weiße Band, das sich in einer dunklen Nacht über den ganzen irdischen Nachthimmel spannt, wäre schwer zu erkennen, da sie durch die vielen Sterne überblendet werden würde.

Kugelsternhaufen ähneln den „durchgeknallten Wissenschaftlern", die besonders schräge Forschung betreiben, da sie in ihrer dichten stellaren Umgebung für alle Arten anderswo unmöglicher Experimente sorgen. In einer „normalen" Umgebung wie die der Sonne entstehen gelegentlich „Doppelsternsysteme", das sind zwei durch die Schwerkraft aneinander gebundene Sterne, die umeinander kreisen. Ansonsten kommen sich aber die Sterne nie besonders nahe. Gemessen an den enormen Entfernungen zwischen ihnen sind die Sterne winzig klein, sodass die meisten ihr eigenes Leben leben und sich nicht darum kümmern, was nebenan vor sich geht.

In Kugelsternhaufen sind die nächsten Sterne jedoch nicht die Nachbarn in ein paar Lichtjahren Entfernung, sie wohnen vielmehr gleich nebenan in allen Zimmern des Hauses! Wechselwirkungen zwischen Sternen, wie sie im „normalen" Weltraum nie vorkommen, werden zu Routinebegegnungen, und die Ergebnisse können sonderbar und kompliziert sein. Da sich ein Stern innerhalb eines Kugelsternhaufens wie zufällig umherbewegt, kann er von der Schwerkraft eines anderen vorbeiziehenden Sterns erfasst werden und Teil eines neu entstehenden Doppelsternsystems werden. Aber ebenso oft wird ein dritter Stern sich durch ein Doppelsternsystem bewegen, einen der beiden Sterne als seinen eigenen Begleiter stehlen und den anderen

Stern allein zurücklassen. Gelegentlich wird der dritte Stern einen komplizierten und lange andauernden Gravitationstanz mit dem Doppelsternsystem anfangen, es bildet sich ein Dreier, der Tausende von Jahren Bestand haben kann, bis ihm vielleicht ein weiterer Stern zu nahe kommt und den Dreierbund mit seiner Schwerkraft wieder auseinander reißt.

Wird ein Doppelsternsystem durch einen Eindringling auseinander gebracht, wird manchmal einer der Sterne mit hoher Geschwindigkeit aus dem Kugelsternhaufen geschleudert und fliegt auf Nimmerwiedersehen zum Rest der Milchstraße davon. Manchmal stoßen auch zwei Sterne zusammen und vereinigen sich, wobei seltsame, hybride Frankenstein-Sterne wie „Blaue Nachzügler" und „Thorne-Żytkow-Objekte" entstehen. Astronomen habe viele Beispiele von Sternen in Kugelsternhaufen nachgewiesen, deren Existenz nach den Gesetzen der Sternentwicklung verboten sein sollte – die Erklärung ist in fast allen Fällen, dass in der dicht gedrängten Umwelt eines Kugelsternhaufens fast alles passieren kann.

Kugelsternhaufen sind also Labors für ungewöhnliche Sternexperimente, sie sind aber auch entscheidend für unser allgemeines Verständnis von Sternen. Astronomen versuchen oft, zwei Sterne zu vergleichen und ihre unterschiedlichen Eigenschaften (z. B. die Temperatur oder die Farbe) zu erklären. Man vermutet, dass diesen unterschiedlichen Eigenschaften in erster Linie die unterschiedliche Masse zugrunde liegt: Ein massereicher Stern ist viel heißer und lichtstärker als ein leichterer. Mit dem schnellen Schluss, dass der hellere von zwei Sternen auch der schwerere ist, liegt man aber fast immer falsch, da es viele weitere Faktoren zu berücksichtigen gibt, die die Sache komplizierter machen.

Um das Problem angehen zu können, müssen wir vor allem wissen, wie weit der Stern entfernt ist, für den wir uns interessieren. Schließlich erscheint ein schwacher Stern hell, wenn er sehr nah ist, während ein mächtiger Stern schwach erscheinen kann, wenn er weit entfernt ist. Außerdem müssen wir herausfinden, wie alt der Stern ist, da Sterne langsam heller werden, wenn sie altern. Und wir müssen die genaue chemische Zusammensetzung des Sterns bestimmen, da schon die Anwesenheit geringer Mengen von Kohlenstoff oder Sauerstoff einen wesentlich Einfluss auf die Energieerzeugung eines Sterns haben kann. Solche Messungen durchzuführen, ist oft sehr zeitraubend, insbesondere wenn es um eine große Zahl von Sternen geht. In anderen Fällen, besonders wenn die untersuchten Sterne lichtschwach sind, sind wiederum die erforderlichen Messungen mit unserer derzeitigen Technologie schlicht nicht möglich.

Es gibt eine wunderbare Lösung für all diese Probleme und somit auch eine Möglichkeit, die Funktionsweise von Sternen besser zu verstehen: Man vergleicht Sterne innerhalb eines Kugelsternhaufens. Das macht Sinn, weil nach unserem momentanen Verständnis die einige hunderttausend oder Millionen Sterne in einem Kugelsternhaufen zur gleichen Zeit und aus der gleichen Wolke interstellaren Gases entstanden sind. Deshalb sind alle Sterne eines Kugelsternhaufens gleich alt, haben praktisch die gleiche chemische Zusammensetzung, und haben, da sie sich in einer solch kleinen, dicht gepackten Kugel befinden, praktisch die gleiche Entfernung von der Erde. Wenn wir also in einem Kugelsternhaufen zwei Sterne unterschiedlicher Helligkeit, Farbe oder Temperatur sehen, ist die einzige mögliche Erklärung, dass ein Stern schwerer als der andere ist – abgesehen von den gelegentlichen seltenen Vögeln, die, wie oben erwähnt, aus Vereinigungen und Zusammenstößen entstanden sind. Kugelsternhaufen sind deshalb wichtige Hilfsmittel, um unser Verständnis zu vertiefen, wie die Eigenschaften von Sternen von ihrer Masse abhängen. Damit liefern sie einen wesentlichen Beitrag zu unserem Wissen, wie Sterne funktionieren.

Kugelsternhaufen waren auch das Tor zu unserer modernen Sicht des Universums. Vor hundert Jahren wussten wir, dass wir in einer Galaxie namens Milchstraße leben und dass die Milchstraße eine große abgeflachte Scheibe ist, deren Durchmesser viel größer als ihre Dicke ist. All das stimmt mit unserem heutigen Verständnis überein. Damals hat man jedoch vermutet, dass die Sonne und unser Sonnensystem in der Nähe des Zentrums dieser großen Scheibe liegen und der Rand der Scheibe in allen Richtungen etwa 20.000 Lichtjahre entfernt ist.

Dieses Bild wurde 1918 durch die Untersuchung von Kugelsternhaufen durch den amerikanischen Astronomen Harlow Shapley zerstört. Damals kannte man etwa 70 Kugelsternhaufen, und Shapley entwickelte eine Methode, um die ungefähre Entfernung zu jedem von ihnen abschätzen zu können. In Kombination mit ihren jeweiligen Positionen am Himmel gelang es ihm, ein dreidimensionales Modell der Positionen der Kugelsternhaufen in unserer Galaxie zu entwickeln.

Da Kugelsternhaufen relativ große, auffällige Ansammlungen von Sternen sind, hatte man vermutet, dass sie gleichmäßig über die Milchstraße verteilt sind. Falls die

Sonne tatsächlich nahe des Zentrums der Galaxie ihren Platz hat, würde dann eine solche dreidimensionale Karte der Kugelsternhaufen zeigen, dass sie in alle Richtungen der Scheibenebene näherungsweise gleich häufig sind. Shapleys überraschende Entdeckung war jedoch, dass das nicht der Fall ist: Sie sind einigermaßen gleichmäßig über eine Kugel verteilt, den sogenannten „Halo" der Milchstraße, aber die Sonne befindet sich keineswegs in der Nähe von dessen Zentrum! Damit hatte man einen dramatischen Beweis dafür, dass die Sonne an einem uninteressanten und unwichtigen Ort liegt – weit entfernt vom Zentrum der Milchstraße. (Die neuesten Messungen deuten an, dass die Scheibe der Milchstraße einen Durchmesser von etwa 100.000 Lichtjahren hat und die Sonne etwa auf halbem Weg zwischen dem Zentrum und dem Rand liegt.)

Bis zum Ende des Mittelalters dachten die Menschen, die Erde sei das Zentrum des Universums. Nach unseren heutigen Vorstellungen kann davon keine Rede sein: Wir wohnen auf einem kleinen Planeten, der einen gewöhnlichen Stern umkreist, der in einem ruhigen Vorort in der Milchstraße versteckt ist, die wiederum eine typische Galaxie ist, die sich in einem nicht weiter bemerkenswerten Teil des Universums befindet. Viele Entdeckungen haben dazu beigetragen, uns schrittweise von dem einfachen geozentrischen Modell des Kosmos zu der komplizierten Kosmologie zu führen, die wir heute untersuchen. Zwei richtungsweisende Erkenntnisse haben dabei vor allem die entscheidende Rolle gespielt. Zur ersten großen Veränderung im Verständnis des Kosmos hat Nikolaus Kopernikus' wunderbare Abhandlung *De Revolutionibus Orbium Coelestium* (in deutscher Übersetzung: *Über die Kreisbewegung der*

Weltkörper) geführt, die er 1543 veröffentlichte. Diese „kopernikanische Wende" degradierte die Erde auf dramatische Weise und stellte die Sonne ins Zentrum der Schöpfung. Die zweite große Veränderung verdankt sich Shapley, als er 1918 seinen Artikel mit dem pragmatischen Titel „Studies based on the colors and magnitudes in stellar clusters. VII. The distances, distribution in space and dimensions of 69 globular clusters" („Untersuchungen basierend auf den Farben und Helligkeiten in Sternhaufen. VII. Die Entfernungen, die Verteilung im Raum und die Dimensionen von 69 Kugelsternhaufen") veröffentlichte und darin zeigte, dass auch die Sonne nicht besonders wichtig ist und keinesfalls im Zentrum liegt.

Obwohl der Anblick des Nachthimmels von der Erde aus ein wenig öd und enttäuschend sein mag, wenn man ihn mit dem vergleicht, was einem andernorts geboten wird, sollten Sie ein Auge für diese verwaschenen grauen Kugeln haben, als die wir die hellsten Kugelsternhaufen wahrnehmen. Sie sind die verräterischen Anzeichen dafür, dass unser Platz im riesigen Universum recht mittelmäßig ist.

Ein Ende mit Glanz und Gloria

Wenn Sie in Ihrem Garten sitzen (oder irgendwo sonst auf der Erdoberfläche), ist die Sonne unerträglich hell, heller als alles andere am Himmel. Doch das liegt nur an ihrer Nähe: Sie ist etwa 270.000 Mal näher als der nächste Fixstern. Würden wir die Sonne aus 50 Lichtjahren Entfernung betrachten (einer relativ kleinen Distanz, immer noch in unserer lokalen Nachbarschaft), wäre sie ein schwach leuchtender Stern, den man mit dem bloßen Auge gerade noch sehen könnte. Aus einer Entfernung von 50.000 Lichtjahren (eine große Distanz, aber immer noch deutlich innerhalb unserer Milchstraße) wäre die Sonne nur mit einem großen Teleskop zu sehen. Und aus 2 Mio. Lichtjahren Entfernung (der Distanz zu der nächsten großen Galaxie, aber nur ein winziger Bruchteil des Wegs zu den am weitesten entferntesten Galaxien, die wir sehen können) wäre die Sonne viel zu lichtschwach, um je entdeckt zu werden.

Es gibt viele Sterne, die weit stärker leuchten als die Sonne, und selbst in Millionen von Lichtjahren Entfernung sind manche von ihnen immer noch hell genug, um mit leistungsfähigen Teleskopen untersucht werden zu können. Aber welches ist der hellste Stern im Universum? Und bis in welche Entfernung ist er zu sehen?

Wie wir in Kap. 2 gesehen haben, endet das Leben eines Sterns mit mehr als der acht- bis zehnfachen Sonnenmasse plötzlich und entsetzlich in einer enormen Explosion, die als Supernova bezeichnet wird. Für einige Tage kann das Licht einer Supernova-Explosion eine Milliarde Mal heller sein als das der Sonne. Die Supernova kann so hell sein, dass sie problemlos das Licht von all den Milliarden von Sternen in ihrer Galaxie überstrahlt.

Ereignet sich eine Supernova-Explosion relativ nah in unserer Milchstraße, kann sie noch Monate später sogar bei Tageslicht leicht mit bloßem Auge zu sehen sein. Zum letzten Mal gab es ein solches Ereignis am Himmel im Oktober 1604, als im Sternbild Schlangenträger „Keplers Supernova" aufleuchtete.

Selbst in nahe gelegenen Galaxien ist es leicht, Supernovae zu beobachten. Das berühmteste Beispiel ist, als uns im Februar 1987 das Signal einer Supernova-Explosion erreichte, die beim nächsten Nachbarn der Milchstraße stattfand, der „Großen Magellanschen Wolke“, die etwa 170.000 Lichtjahre entfernt ist. Diese Supernova war viel weiter entfernt und viel unspektakulärer als Keplers Supernova, aber sie war immer noch deutlich mit dem bloßen Auge zu sehen. Es war wirklich ein entscheidender Moment auf meinem eigenen Weg, Astronom zu werden, als ich im Februar 1987 als Teenager in unserem Garten in einem Vorort Sydneys stand und beim Betrachten des Sternbilds Schwertfisch einen neuen Stern sah, der einige Nächte zuvor noch nicht da gewesen war. Ich entdeckte ihn jede Nacht wieder, bis er im Lauf der nächsten Wochen langsam verblich. Es war sehr aufregend, zu wissen, dass das Licht, das in meine Augen traf, seine Reise 170.000 Jahre zuvor nach einer unvorstellbar gewaltigen Detonation begonnen hatte. Für mich stellte das den Reiz und die Erhabenheit der Astronomie dar und schärfte meinen Willen, eine Laufbahn einzuschlagen, bei der es um das Studium des Himmels ging. (Und tatsächlich hatte ich das Glück, zehn Jahre später in meiner Doktorarbeit genau diese Supernova zu untersuchen, da weiterhin stellare Bruchstücke von ihr in den Weltraum geschleudert wurden.)

Selbst mit einem relativ kleinen Teleskop ist es leicht, eine Supernova zu sehen, die in einer Galaxie in Millionen von Lichtjahren Entfernung stattfindet. Es wäre jedoch frustrierend, einfach eine Galaxie auszusuchen und sie jede Nacht zu überwachen und zu warten, bis eine Explosion stattfindet, denn eine Supernova ist ein relativ seltenes Ereignis in einer Galaxie. Man vermutet, dass in einer typischen Galaxie im Durchschnitt etwa alle 50 Jahre eine Supernova stattfindet. Die Dauerüberwachung einer einzelnen Galaxie wäre also kein besonders erfolgversprechendes Experiment.

(Es ist überraschend, dass nach Keplers Supernova von 1604 in unserer Galaxie keine weitere mehr vorkam. Unsere Galaxie *sollte,* so wie andere Galaxien auch, alle 50 Jahre eine Supernova produzieren, wir waren also entweder spektakulär glücklos, oder viele der neueren Supernova-Explosionen waren hinter den oben erwähnten Dunkelwolken versteckt, die in der gesamten Milchstraße verstreut sind.)

Zum Glück müssen wir jedoch nicht annähernd so lange warten, denn es gibt eine riesige Zahl von Galaxien, die wir überwachen können. Bei 50 Galaxien, in denen sich jeweils alle 50 Jahre eine Supernova ereignet, bräuchten wir im Schnitt nur ein Jahr zu warten, bis wir auf die Entdeckung einer Supernova hoffen können. Dehnen wir dieses Projekt auf 2000 Galaxien aus, können wir sogar wöchentlich mit einer Supernova rechnen. Und das machen Supernova-Jäger tatsächlich! Jede Nacht richten sie ihre Teleskope auf Dutzende von Galaxien, vergleichen die resultierenden Bilder mit denen, die ein paar Wochen zuvor von denselben Galaxien gemacht wurden und suchen nach neuen Lichtpunkten, die den Tod eines Sterns verraten. Im Lauf eines Jahres können auf diese Weise viele solcher Galaxien durchsucht werden. Die Ergebnisse sind tatsächlich spektakulär: Im Jahr 2012 führten diese Bemühungen zur Entdeckung von 247 Supernovae, die über den ganzen Himmel verteilt waren. In unserem modernen Weltbild sind Supernovae keine Ereignisse für das bloße Auge, die alle paar Jahrhunderte in unseren Geschichtsbücher verzeichnet werden, sie platzen vielmehr über das ganze Universum verteilt wie Popcorn auf.

Supernovae sind für die Astronomen ein heißes Thema, wie die intensiven Anstrengungen zu ihrer Auffindung belegen. Ein Grund dafür ist, dass Supernova-Explosionen eine große Rolle bei der Entstehung aller schweren Elemente im Universum gespielt haben. Wie wir in Kap. 2 gesehen haben, wandeln die riesigen Fusionsreaktoren in den Kernen der Sterne Wasserstoff in Helium um, anschließend Helium in Kohlenstoff und schließlich in den massereichsten Sternen Kohlenstoff in noch schwerere Elemente. Dieser Ablauf endet, wenn aus Silizium Eisen wird, denn selbst bei der extremen Temperatur und dem extremen Druck im Kern eines Sterns enden die Fusionen bei Eisen. Aber dennoch sind um uns herum Elemente wie Gold, Zinn, Jod und Uran zu finden, die alle viel schwerer als Eisen sind. Wie sind diese Elemente entstanden? Eine der wenigen zur Auswahl stehenden Antworten finden wir in den extremen Bedingungen einer Supernova: Sie schmiedet schwere Elemente, die nicht auf andere Weise erzeugt werden können. Die Explosion erzeugt diese neuen Elemente nicht nur, sondern jagt sie auch in den Weltraum. Wenn eine interstellare Gaswolke später zu einem neuen Stern und seinen Planeten zusammenwächst, dann sind die schweren Elemente, die sich lange zuvor in einer Supernova gebildet haben, darin eingesät. Wir sind nicht nur distanzierte Beobachter des Universums, sondern ein Teil von ihm, denn wir sind alle aus der Asche ehemaliger Supernovae entstanden.

Supernova-Explosionen gehören, zumindest nach heutigem Stand der Dinge, zu den lichtstärksten Ereignissen im Universum. Aber wie wir heute wissen, gibt es noch eine besondere, seltene Klasse explodierender Sterne, die „gewöhnliche“ Supernovae bei Weitem überstrahlen. Es sind die „Gammablitze“ oder „Gammastrahlenausbrüche“ („Gamma-Ray Bursts“, GRB), plötzliche Blitze von Gammastrahlung, einer exotischen Form von Licht mit der kürzesten Wellenlänge und der höchsten Energie des gesamten elektromagnetischen Spektrums. Gammablitze werden etwa einmal pro Tag entdeckt und sind so stark, dass sie relativ leicht von jeder Stelle des Universums aus zu sehen sind.

Wie intensiv sind Gammablitze? Ein typischer Gammablitz ist etwa 100 bis 1000 Mal lichtstärker als eine Supernova-Explosion! Als Erklärung hat man unter anderem angeführt, dass gelegentlich Sterne mit erheblich mehr Energie als normal explodieren. Inzwischen halten die meisten Astronomen das allerdings für eine Illusion und gehen davon aus, dass Gammablitze in vielerlei Hinsicht gewöhnliche Supernova-Explosionen sind, die aber eine Besonderheit haben: Bei ihnen entstehen zusätzlich zwei heftige, enge Jets von Strahlung aus dem Nord- und Südpol des explodierenden Sterns. Der genaue Grund für die Entstehung dieser Jets ist noch nicht vollkommen klar, aber die aktuelle Beweislage deutet darauf hin, dass sie nur bei den allerschwersten Sternen auftreten. Diese Jets sind nur aus ganz bestimmten Richtungen zu beobachten, aus einem anderen Winkel gesehen bleiben sie unsichtbar, und der Gammablitz erscheint wie eine normale Supernova. Nur etwa einer von tausend Gammablitzen ist so orientiert, dass einer seiner Jets genau auf die Erde gerichtet ist. Dann und nur dann sehen wir den charakteristischen heftigen, hellen Blitz von Gammastrahlung. In manchen Fällen können wir nach dem Ende des Gammablitzes das Verblassen der zugrunde liegenden Supernova beobachten, was bestätigt, dass dieses gewaltige Ereignis das Resultat der Explosion eines Sterns ist.

Der Gammablitz selbst ist von der Erdoberfläche aus nicht zu beobachten, da die Gammastrahlen von unserer Atmosphäre abgeblockt werden. Sie können nur durch Teleskope registriert werden, die sich im Weltraum befinden, während man auf der Erde nur ein Aufblitzen von normalem sichtbarem Licht wahrnimmt. Während der Minute, die ein Gammablitz ungefähr dauert, erzeugt er genug Licht, um jedes andere Objekt im gesamten Universum zu überstrahlen. Wir können nun auf die Frage nach dem aktuellen Rekordhalter für das lichtstärkste Objekt im Universum zurückkommen: Es ist ein Gammablitz im Sternbild Bärenhüter, der „GRB 080319B" genannt wurde und am 19. März 2008 für etwa 30 Sekunden problemlos mit dem bloßen Auge zu sehen war.

Das bislang am weitesten entfernte, ohne Teleskop erkennbare astronomische Objekt ist eine als „Messier 81" bekannte Galaxie, die etwa 12 Mio. Lichtjahre entfernt im Sternbild Großer Bär liegt, und für einen Sterngucker auf der Nordhalbkugel mit sehr scharfen Augen gerade noch als schwacher grauer Fleck zu sehen ist. GRB 080319B hat diesen Rekord gebrochen, denn dieses Objekt war mit bloßem Auge zu sehen und liegt in einer Entfernung von 7,5 Mrd. Lichtjahren. Während viele Aspekte von Gammablitzen noch unklar sind, ist eine Sache klar: Gammablitze sind die bei Weitem stärksten Lichterscheinungen im Kosmos.

4 In alle Ewigkeit: Extreme der Zeit

Uns Menschen fällt es sehr schwer, das Verstreichen der Zeit zu verstehen. Kleinen Kindern erscheint jede Zeitspanne, die länger als einige Minuten ist, wie eine Ewigkeit (deshalb die unvermeidliche Frage „Sind wir bald da?"). Wenn wir älter werden, wird uns die relative Dauer von Stunden, Tagen, Wochen und Jahren vertraut, aber selbst dann stockt manchmal unsere Wahrnehmung von Zeit, wenn die Jahre dahinkriechen, oder wenn die Zeit schneller fließt und die Jahre vorbeifliegen.

Ist es schon schwierig, für den Lebenslauf eines Menschen typische Zeitmarken anzugeben, so ist es der Umgang mit kosmischen Zeitskalen noch viel mehr. Beim Versuch, die unermesslichen Zeitalter zu verstehen, die das Universum schon existiert, fühlen wir uns im Geiste wieder wie ein kleines Kind, das weiß, wie lange ein Tag ist, und das sich zwei oder auch drei Tage nacheinander vorstellen kann, aber vor einer unmöglichen und frustrierenden Aufgabe steht, wenn es sich 365 Tage am Stück vorstellen soll.

So geht es uns auch mit dem Kosmos. Die meisten Dinge im Universum laufen nach menschlichen Maßstäben unglaublich langsam ab, wie die Tatsache belegt, dass die Sternbilder, die von den alten Griechen und Ägyptern vor

Tausenden von Jahren definiert wurden, heute im Wesentlichen noch unverändert sind. Die Erde und die Sonne sind 4,6 Mrd. Jahre alt und damit noch relative Jungspunde in einem Universum, das vor etwa 13,8 Mrd. Jahren mit dem Urknall begann. (Unserem Verständnis nach gibt es die Zeit überhaupt erst seit dem Urknall, falls es also eine Antwort auf die Frage gibt, was davor geschah, ist es unklar, ob es eine Antwort ist, die wir verstehen könnten.)

Wissenschaftler können diese Zahlen berechnen und festhalten, aber wir können uns nicht wirklich vorstellen, was sie bedeuten. Doch selbst wenn wir die Größe der fraglichen Zahlen nicht wirklich erfassen können, kann die Astronomie uns dennoch einiges über die unglaublichen Zeitextreme verraten, die das Universum bestimmen.

Die Eisenuhr

Sydney ist die älteste Stadt Australiens, sie wurde 1788 mit der Ankunft britischer Soldaten und Strafgefangener gegründet. Ich bin in Sydney geboren und aufgewachsen und frage mich oft, wie meine Heimatstadt in diesen ersten Tagen ausgesehen haben mag. Ich bin jedoch auf meine Vorstellungskraft angewiesen, da dieses frühe Sydney fast völlig vergangen ist, fortgespült von den Wellen von Fortschritt und baulicher Weiterentwicklung. Schweift man im Zentrum von Sydney umher, stößt man in der Nähe des legendären Hafens auf das älteste Gebäude, das heute noch zu finden ist. Es ist ein bescheidenes Häuschen aus Sandstein, das aus dem Jahr 1816 stammt. Dehnt man seine Suche auf die Vororte aus, findet man schließlich viele Kilometer vom Stadtzentrum entfernt zwei ältere Gebäude, die aus den 90er-Jahren des 18. Jahrhunderts stammen. Es gibt nur wenige weitere Spuren des ursprünglichen Sydneys.

Will man die Geschichte der Milchstraße verfolgen, ähnelt das in vielerlei Hinsicht dem Versuch, sich die frühen Tage Sydneys vorzustellen. Wir wissen, dass das Universum 13,8 Mrd. Jahre alt ist (plus minus ein paar Zehnmillionen Jahre). Aktuellen Berechnungen zufolge ist die Milchstraße nicht viel jünger und hat vor mehr als 13 Mrd. Jahren angefangen, Gestalt anzunehmen.

Mit der Frage, wie unsere Galaxie damals aussah und wie sie schließlich ihre jetzige Form erhielt, beschäftigt sich ein großer Bereich der aktuellen astronomischen Forschung. Es gibt sogar einen ganzen Unterbereich der Astronomie, der sich „galaktische Archäologie" nennt und darauf abzielt, die „Fossilien" der Galaxie zum Verständnis ihrer Geschichte heranzuziehen. Wir wissen, dass in der Nähe unserer Heimat nur wenige Hinweise zu finden sein werden: Nach unserer besten Schätzung, die sich auf die radioaktive Datierung von Meteoriten stützt, ist unser eigenes Sonnensystem nur 4,6 Mrd. Jahre alt. Unvorstellbare Äonen galaktischer Evolution hatten bereits stattgefunden, als ein erstes Flackern von Erde und Sonne im Kosmos zu sehen war.

Wie der Historiker, der sich mit der Geschichte Sydneys befasst, steht der Astronom vor der Herausforderung, dass sich so vieles aus diesen frühen Zeiten verändert hat und zerstört oder wieder aufgebaut wurde. Die Milchstraße ist ein gewaltiger dynamischer Ort, der voll Energie steckt. Wie wir in den vorherigen Kapiteln gesehen haben, beenden Sterne ihr Leben oft auf spektakuläre Weise. Aus den daraus entstehenden interstellaren Wolken bilden sich wieder Sterne, und der Prozess beginnt von neuem. Währenddessen streifen die Spiralarme, die für die Milchstraße so charakteristisch sind, durch Gas und Staub und vermischen, durchwühlen und erhitzen diese Materie. Unsere Milchstraße ist eine recht große Galaxie, die vor dem Hintergrund all dieser Aktivität andere, kleinere Galaxien mit ihrer Schwerkraft verführt, verschlingt und verdaut und deren Sterne mit ihren eigenen vermischt.

All diese turbulente Aktivität bedeutet, dass von der Frühgeschichte der Galaxie keine deutlichen Reste verblieben sind. Es ist unwahrscheinlich, dass wir jemals das astronomische Pendant zum Forum Romanum oder zu Machu Picchu finden werden, um daraus die Vergangenheit rekonstruieren zu können. Unsere einzige Hoffnung ist, dass es unter den vielen hundert Milliarden Sternen in der Milchstraße vielleicht ein paar Überlebende aus den frühen Tagen unserer Galaxie gibt. Wie eine Porzellanscherbe oder ein rostiger Löffel in einer archäologischen Ausgrabung könnten diese alten Naturprodukte, die ältesten Sterne unserer Galaxie, wesentliche Hinweise auf frühere Epochen liefern.

Um zu verstehen, wie wir solche Sterne finden könnten, müssen wir noch einmal auf den im 2. Kapitel diskutierten Prozess der Kernfusion zurückkommen, bei dem die Energie und das Licht der Sterne erzeugt werden. Wie wir gesehen haben, erzeugen Sterne ihre Energie, indem sie Wasserstoff zu Helium verschmelzen, dann Helium zu Kohlenstoff und so weiter bis zur Bildung von Eisen. Dieser schrittweise Prozess der atomaren Fusion funktioniert wie eine Art natürlicher Uhr für jeden einzelnen Stern, wie ich weiter unten erklären werde.

Wie in Kap. 2 gesehen, begann die Sonne ihr Leben mit einer Zusammensetzung aus etwa 72 % Wasserstoff, 27 % Helium und 1 % aller anderen Elemente wie Sauerstoff, Kohlenstoff und Eisen. Da Wasserstoff und Helium bei Weitem die dominierenden Elemente im Universum sind, und da all die anderen schwereren Elemente nur in vergleichsweise winzigen Proportionen vorkommen, definieren die Astronomen auf eine etwas skurrile Weise drei Arten normaler Materie im Universum: Wasserstoff, Helium und „Metalle". In diesem Kontext bezieht sich der Begriff „Metall" nicht auf alltägliche metallische Materialien wie Silber oder Gold, sondern auf alles, was es im Universum gibt – ausgenommen Wasserstoff und Helium! Eine einfache Art, die chemische Zusammensetzung der Sonne zu beschreiben, ist daher, dass ihre „Metallizität" bei ihrer Geburt 1 % betrug.

Die Metallizität eines Sterns ist die kosmische Uhr, die uns erlaubt, nach den ältesten Sternen zu suchen. Der springende Punkt, der dieser Behauptung zugrunde liegt, ist unser detailliertes Verständnis des Urknalls und seiner Nachwirkungen, wonach das Universum vor der Entstehung der ersten Sterne zu 75 % aus Wasserstoff bestand, zu 25 % aus Helium und zu 0,00000001 % aus Lithium und Beryllium, und dass es keinerlei schwerere Atome gab. Die Metallizität von Sternen, die sich aus diesem Material bildeten, war praktisch null. Sie verbrachten den größten Teil ihres Lebens damit, Wasserstoff in Helium zu verwandeln, aber sie bildeten keine „Metalle", weswegen ihre Metallizität weiterhin null betrug. Erst gegen Ende ihres Lebens verwandelten diese sehr früh entstandenen Sterne dann Helium in Kohlenstoff und bildeten vielleicht noch einige schwerere Elemente, womit sie dann einen geringen Grad an Metallizität aufwiesen.

Diese Sterne starben, und die neue Generation von Sternen, die ihr Leben begann, bildete sich aus einer Gaswolke, die mit diesen Metallen „verunreinigt" war. Diese neue Generation startete somit mit einer niedrigen Metallizität, die aber größer als null war. Im Laufe ihres Lebens bildete sie per Kernfusion Kohlenstoff, Sauerstoff und andere schwerere Elemente, um dann mit einer zwar immer noch geringeren, aber schon merklichen Metallizität zu sterben.

Das Ganze stellt eine kosmische Uhr dar. Neugeborene Sterne in unserer Nachbarschaft, die aus den Trümmern vieler Generationen von Sternen mit Geburten und Sterbefällen entstanden sind, haben eine hohe Metallizität. Mittelalte Sterne wie die Sonne sind voller „metallischer" Verunreinigungen und haben eine mittlere Metallizität, die aber nicht so groß ist wie die Metallizität neugeborener Sterne. Alte Sterne, die aus den ersten Tagen der Milchstraße überlebt haben, verfügen praktisch über gar keine Metallizität.

Seit einiger Zeit läuft die Suche nach solchen „metallarmen" Sternen, die altertümliche Überlebende einer längst vergangenen Epoche sind, als die Galaxie noch jung war. Astronomen führen eine solche Suche durch, indem sie Sternenlicht einer detaillierten forensischen Analyse unterziehen. Alle Sterne emittieren Licht mit einer großen Bandbreite an Frequenzen, also ganz verschiedenen Farben. Analysiert man dieses Licht sorgfältig, erkennt man, dass ganz bestimmte Farbtöne nur schwach vertreten sind oder ganz fehlen. Der Grund ist, dass Metalle in der Sternatmosphäre bestimmte Farben ausblenden – wissenschaftlich ausgedrückt: Bestimmte Atome oder Moleküle absorbieren bestimmte Lichtfrequenzen. Das Muster dieser fehlenden Frequenzen ist – ähnlich einem Fingerabdruck oder der DNA – für jeden Stern einzigartig und erlaubt uns, genau zu berechnen, welche Bruchteile an Metallen er enthält (wobei, zur Erinnerung, mit „Metall" in diesem Zusammenhang jedes Element außer Wasserstoff oder Helium gemeint ist).

Mit dieser Technik, der „Spektroskopie", konnten die Astronomen mit beträchtlichem Erfolg Sterne aufspüren, die ungewöhnlich metallarm und somit extrem alt sind. Ein besonders aussagekräftiger Anhaltspunkt ist der Anteil von Eisen im Inneren eines Sterns. Die Sonne enthält etwa 0,1 % Eisen, das klingt nach wenig, ist aber ein recht typischer Anteil.

Der metallärmste Stern, der zurzeit bekannt ist heißt „SDSS J102915+172927" (oder „Caffau's Star", kurz: SDSS J1029) und befindet sich in etwa 4000 Lichtjahren Entfernung im Sternbild Löwe. Der Stern war schon zuvor in Sternkatalogen aufgeführt worden, hatte aber nur wenig Aufmerksamkeit erhalten. Das änderte sich 2011, als die in Deutschland arbeitende Astronomin Elisabetta Caffau und ihr Team feststellten, dass dieser Stern viel weniger Metalle enthält als alle anderen jemals entdeckten Sterne. Insbesondere liegt der Eisenanteil von SDSS J1029 nach Caffaus Messungen bei nur 0,00000003 % und ist damit etwa 100.000 Mal geringer als bei der Sonne! Selbst unser kleiner Planet Erde enthält 100 Mal mehr Eisen als SDSS J1029. Der winzige Eisenanteil von SDSS J1029 verrät uns, dass zur Zeit der Geburt dieses Sterns die Metallizitätsuhr noch kaum zu laufen begonnen hatte. Es ist schwierig, ein genaues Alter von SDSS J1029 zu berechnen, aber man kann es abschätzen. Eine vernünftige Schätzung liegt bei 13 Mrd. Jahren, womit der Stern weit älter als die Sonne und fast alle anderen Sterne in der Milchstraße ist. Wie ein über Hundertjähriger im Altersheim ist SDSS J1029 ein letzter Überlebender eines vergangenen Zeitalters. Astronomen versuchen nun, seiner schwachen und zittrigen Stimme zu lauschen und hoffen auf Geschichten darüber, wie es vor langer Zeit im Universum zuging. SDSS J1029 ist einer der ältesten bekannten Sterne, aber die Jagd nach Sternen, die noch früher geboren wurden, ist im Gange. Denn während der Eisenanteil in SDSS J1029 gegenüber weitaus jüngeren Sternen wie der Sonne vergleichsweise winzig ist, entspricht er immerhin noch 10 Mio. Billionen t Eisen. All dieses Eisen muss sich vor der Geburt von SDSS J1029 in anderen Sternen gebildet haben. Und diese frühere Sterngeneration, die dieses Eisen in ihren stellaren Brennöfen erzeugte, begann ihr Leben vielleicht ganz ohne Eisen aus einer ursprünglichen Gaswolke aus Wasserstoff und Helium, die vom Anfang des Universums übriggeblieben war.

Man sagt, SDSS J1029 gehört zur „Population II", während ein relativ metallreicher Stern wie die Sonne zur „Population I" gehört. Jede Population repräsentiert viele aufeinanderfolgende Generationen von Sternen, sodass die fernen Vorfahren der Sonne Population II-Sterne waren, die wiederum vor noch längerer Zeit aus Population III-Sternen hervorgegangen sind. Eine der Hauptanstrengungen der modernen Astronomie ist es nun, Sterne der „Population III" zu finden.

Es macht wahrscheinlich wenig Sinn, in der Milchstraße nach ihnen zu suchen, da solche Sterne vermutlich nicht sehr lange, sondern nur einige Millionen Jahre lebten. Falls es jemals irgendwelche Population-III-Sterne gab, die die Grundlage für unsere jetzige Milchstraße waren, sind sie schon längst gestorben.

Unsere einzige Möglichkeit, Population-III-Sterne zu finden, ist ein Rückblick in der Zeit, indem wir das Licht von unglaublich fernen Sternen in anderen Galaxien untersuchen. Aber bevor wir fortfahren, sind hier noch ein paar Erläuterungen angebracht.Licht bewegt sich nicht unendlich schnell, sondern mit der endlichen Geschwindigkeit von 299.792,458 km/s (das ist etwa 1 Mrd. km/h oder etwa 10 Billionen km pro Jahr) fort. Da das Licht Zeit benötigt, um von einem Himmelskörper zu unseren Augen oder Teleskopen zu reisen, können wir niemals sehen, wie ein Planet, ein Stern oder eine Galaxie jetzt gerade aussieht. Wir sehen immer nur das Objekt, wie es aussah, als das Licht seine Reise zu uns begann. Dieser Effekt gilt immer und überall, aber für viele Objekte am Nachthimmel spielt er kaum eine Rolle. Das Licht benötigt beispielsweise knapp 8,5 Minuten, um die 150 Mio. km von der Sonne zur Erde zurückzulegen. Das heißt, wenn wir die Sonne betrachten, sehen wir nicht, wie sie in diesem Moment gerade aussieht, sondern wie sie 8,5 Minuten vorher aussah. Sirius, der hellste Stern am Nachthimmel, ist etwa 8 Lichtjahre entfernt, das heißt, wenn wir hinaufschauen und Sirius in einer Nacht im Jahr 2014 sehen, sehen wir ihn, wie er eigentlich im Jahr 2006 aussah.

Da sich aber die Sonne und die meisten Sterne in einer Zeitskala von Jahren, Jahrhunderten und Jahrtausenden nur sehr langsam verändern, kann es uns eigentlich egal sein, dass wir heute etwas sehen, was nicht mehr ganz so aktuell ist. Blicken wir jedoch in weite Fernen, sieht alles wieder anders aus. In Kap. 3 sprachen wir über das lichtstärkste Objekt im Universum, einen Gammablitz, der am 19. März 2008 für 30 Sekunden hell genug war, um mit bloßem Auge sichtbar zu sein. Die Entfernung zu diesem Gammablitz betrug 7,5 Mrd. Lichtjahre, was bedeutet, dass die Explosion nicht am 19. März 2008 stattfand, sondern Milliarden Jahre zuvor, lange bevor Erde und Sonne überhaupt existierten! Während der gesamten Geschichte unseres Sonnensystems raste das Licht von diesem ungeheuer gewaltigen Ereignis auf uns zu, um uns endlich im Jahr 2008 zu erreichen. Wahrscheinlich gab es in der Vergangenheit noch viel spektakulärere kosmische Explosionen, die wir aber vielleicht erst in Tausenden oder gar Millionen von Jahren entdecken werden, weil deren Licht noch nicht genug Zeit hatte, uns zu erreichen.

All dies bedeutet, dass der Himmel eine Zeitmaschine ist. Je weiter man in den Weltraum schaut, desto weiter blickt man zurück in die Vergangenheit. Wollen Sie sehen, wie das Universum vor einer Milliarde Jahren aussah? Ganz einfach: Sie müssen nur ein paar Sterne und Galaxien finden, die eine Milliarde Lichtjahre entfernt sind, und Sie sehen sie nicht in ihrer jetzigen Gestalt, sondern wie sie vor dieser unglaublich langen Zeit aussahen.

Dieser feine Trick ist der Schlüssel dazu, diese schwer zu fassenden Population-III-Sterne zu finden. In unserer eigenen Milchstraße sind diese Sterne vermutlich alle ausgestorben. Aber wenn wir auf sehr weit entfernte Galaxien schauen, ist es vielleicht möglich, weit in die Vergangenheit zurückzublicken und ein paar der längst toten Population

III-Sterne zu entdecken, deren Licht uns erst jetzt nach einer Reise von Milliarden von Licht Jahren erreicht.

Haben wir ein ausreichend leistungsstarkes Teleskop, das es erlaubt, diese extrem lichtschwachen Sterne zu sehen, und wissen wir, wo im All wir suchen müssen, können wir die allerersten Sterne im Universum sehen, die nicht wie unsere Sonne aus dem Sternenstaub vorangegangener Generationen entstanden sind, sondern aus den Rohmaterialien, die dem Urknall entstammen. 2018 will die NASA ihr James Webb Space Telescope als Nachfolger des in die Jahre gekommenen Hubble-Weltraumteleskops starten. Eines seiner Hauptziele wird sein, die ersten aller Sterne zu entdecken und zu untersuchen. Wie die Entdeckung früher menschlicher Knochen durch die Paläontologen wird uns die Entdeckung der ersten Sterne im Universum dramatische neue Erkenntnisse über unsere Ursprünge liefern.

Ein ewiges Leben

Die Sonne hat etwa die Hälfte ihres Lebens hinter sich. Wie in Kap. 2 diskutiert, wird in 5 Mrd. Jahren, wenn sie 10 Mrd. Jahre alt ist, praktisch aller Wasserstoff im Kern der Sonne in Helium verwandelt sein. Für die Sonne beginnt dann die Endphase ihres Lebens, bevor sie ausbrennt und ihre äußeren Schichten sanft abstößt, um einen schönen planetarischen Nebel zu bilden. SDSS J1029 ist mit seinen 13 Mrd. Jahren bereits älter als die Sonne je sein wird. Er macht jedoch einen recht vitalen Eindruck und sollte noch viele Lebensjahre vor sich haben. Im Gegensatz dazu gibt es andere Sterne, wie den hellen Stern Beteigeuze im Sternbild

Orion, die weniger als 10 Mio. Jahre alt sind, sich jedoch schon im stellaren Greisenalter befinden.

Auch wenn all diese Zahlen ausnahmslos überwältigend erscheinen, gibt es doch große Unterschiede, was das Alter und die Lebensdauer von Sternen betrifft. Um das anschaulich zu machen, stellen wir uns vor, die Sonne sei 40 Jahre statt 4,6 Mrd. Jahre alt. Nach dieser Modellvorstellung würde die Sonne etwa 80 Jahre alt werden, was ein solides und respektables Alter wäre. Beteigeuze wäre in diesem Bild ein nur 4 Wochen altes Baby, das seinem Lebensende jedoch schon nah ist. Und SDSS J1029 wäre gerade 100 geworden, ohne irgendwelche Alterserscheinungen zu zeigen.

Was ist der Grund, dass bei diesen drei Sternen die Lebensspannen so erstaunlich weit auseinander liegen? Es hängt alles von der Masse eines Sterns ab! Je massereicher ein Stern ist, desto heißer laufen die Fusionsreaktionen in seinem Kern ab und desto schneller verbrennt er seinen Treibstoff. Der Treibstoffverbrauch nimmt bei größeren Sternen so dramatisch zu, dass für sie der Spruch „Lebe schnell, stirb jung" gilt.

Es ist demnach keine Überraschung, wenn wir erfahren, dass Beteigeuze ein Riese ist, der etwa 20 Mal so viel wie unsere Sonne wiegt. Die um den Faktor 20 größere Masse zwingt diesen Stern, seinen Treibstofftank 1000 Mal schneller zu leeren als die Sonne. Im Gegensatz dazu beträgt die Masse von SDSS J1029 nur etwa 80 % der Sonnenmasse. Auch wenn dieser Unterschied von 20 % bescheiden anmutet, bedeutet er, dass SDSS J1029 viel knauseriger mit seinem Treibstoff umgeht, was ihm eine deutlich höhere Lebensdauer beschert.

Gibt es angesichts dieser engen Relation zwischen der Masse eines Sterns und seiner Lebensdauer Sterne, die noch kleiner als SDSS J1029 sind und noch viel länger leben? In der Tat! Die langlebigsten Sterne im Universum sind die winzigen „Roten Zwerge". Sie haben ihren Namen – wenig überraschend – von ihrer Größe und Farbe. Rote Zwerge stellen den deutlich häufigsten Sterntyp in der Milchstraße dar, sind jedoch schwer zu entdecken, da sie so schwach leuchten. Von den 30 Sternen, die die geringste Entfernung von der Sonne haben, sind in der Tat 20 Rote Zwerge (darunter auch der nächste von allen, „Proxima Centauri" im Sternbild Zentaur). Aber keiner von ihnen ist hell genug, um mit bloßem Auge sichtbar zu sein. Rote Zwerge sind durchaus die schweigende Mehrheit!

Rote Zwerge haben typischerweise 10–40 % der Masse der Sonne. Die Temperatur in ihren Kernen reicht aus, um die Kernfusion gerade so am Laufen zu halten, dass sie ihren Wasserstofftreibstoff unglaublich langsam verbrauchen. Das allein reicht schon für ein sehr langes Leben aus, aber auch die Struktur der Roten Zwerge unterscheidet sich deutlich von Sternen wie der Sonne, was ihnen ein noch längeres Leben ermöglicht. Der Sonne steht als Brennstoff nur der Wasserstoff in ihrem Kern zur Verfügung – der Rest der Sonne wird niemals heiß genug für eine Fusion, sodass selbst am Ende ihres Lebens der meiste Wasserstoff unberührt sein wird. Das Gas im Inneren eines Roten Zwergs wird im Vergleich dazu durch Verwirbelungen im Sterninneren ständig umgewälzt und umgerührt. Das bedeutet, dass das gesamte Gas im Inneren des Sterns wiederholt in seinen Kern und wieder herausgewirbelt wird, was es solchen Sternen ermöglicht, ihre ganze Masse zu verbrennen und nicht nur die Kernregion. Diese zusätzlichen Brennstofftanks erlauben Roten Zwergen, über unvorstellbare Zeitspannen zu leuchten, bevor sich ihr Gasvorrat nach einer Lebensdauer von etwa einer Billion Jahren erschöpft. Um noch einmal auf unser Bild mit der 40 Jahre alten Sonne zurückzukommen: Ein typischer Roter Zwerg hätte demnach eine Lebensdauer von 4000 Jahren!

Unsere Theorien der Sternentwicklung können wir in den meisten Fällen mit tatsächlichen Beobachtungen von Sternen in verschiedenen Lebensphasen vergleichen. Für Rote Zwerge können wir uns jedoch nur auf unsere Berechnungen verlassen, da alle praktisch noch in ihrer Kindheit stecken. Während wir noch nicht wissen, wie die ersten Sterne aussahen, scheint es wahrscheinlich, dass die letzten Sterne, die noch leuchten werden, bevor das Universum für immer dunkel wird, Rote Zwerge sind. Sie werden noch ewig vor sich hin glimmen, wenn schon alles andere Licht im Kosmos erloschen ist.

Schneller als ein Küchenmixer

In der Astronomie geschieht fast alles in Zeitabschnitten, die viel länger sind als ein menschliches Leben, aber manchmal kann uns das Universum überraschen. Nehmen wir zum Beispiel die Supernovae. Wie wir in den Kap. 2 und 2 gesehen haben, sind das folgenschwere Explosionen, die den Tod besonders massereicher Sterne verkünden. Solche Sterne haben sich über etliche Millionen Jahre stetig bis zu diesem Punkt entwickelt, aber am Ende spitzt sich, selbst nach unseren Maßstäben, alles rasant zu. Der Kollaps des Eisenkerns des Sterns, der als Supernova am Himmel erscheint, dauert einen winzigen Bruchteil einer Sekunde. Und die daraus resultierenden Stoßwellen brauchen nur ein oder zwei Stunden, um sich ihren Weg durch den Stern nach außen zu bahnen, die Oberfläche zu erreichen und die äußeren Schichten des Sterns auseinanderzureißen.

Meistens wird bei einer solchen Explosion nicht der ganze Stern zerstört. Zurück bleibt, was einst der Eisenkern war. Er ist schwerer als die Sonne und kollabiert nun zu einer Kugel von 25 km Durchmesser, die nur aus Neutronen besteht: Ein „Neutronenstern" ist entstanden. Vor der Explosion hat der Stern vielleicht 10 Stunden für eine Rotation um seine eigene Achse gebraucht, aber nach der Supernova-Explosion dreht sich der verbleibende Neutronenstern mit viel rasanterer Geschwindigkeit.

Wir wissen das, da manche Neutronensterne, aus Gründen, die wir noch nicht völlig verstehen, einen oder mehrere enge Strahlenbündel von Radiowellen erzeugen, die von einem festen Punkt auf ihrer Oberfläche ausgehen. Wenn sich ein solcher Stern dreht, streift dieser Strahl durch den Himmel wie das Licht eines Leuchtturms. Und wenn die Erde zufällig im Weg dieses Strahls liegt, sehen wir den sich drehenden Neutronenstern als „Pulsar", als ein himmlisches Funkfeuer, das einmal pro Umdrehung zu blinken oder zu pulsieren scheint. Jeder Pulsar blinkt mit seiner eigenen, individuellen Frequenz. Typisch für Pulsare sind Pulse etwa einmal pro Sekunde. Das bedeutet, dass jede Umdrehung etwa eine Sekunde dauert. Das sind 86.400 Umdrehungen pro Tag, und die Rotationsfrequenz ist weit größer als bei einem gewöhnlichen Stern.

Bis jetzt sind mehr als 2200 Pulsare identifiziert worden. Der Abstand zwischen den Pulsen kann in jedem Fall extrem genau gemessen werden, was uns äußerst exakte Angaben der Rotationsraten dieser winzigen, weit entfernten Sterne erlaubt. Sorgfältige Untersuchungen einzelner Pulsare über Monate und Jahre hinweg zeigen in fast allen Fällen, dass diese kosmischen Uhren im Laufe der Zeit stetig langsamer werden und die Zeitabstände zwischen den Pulsen fast unmerklich zunehmen. Wir werden uns den Mechanismus hinter dieser Verlangsamung in Kap. 9 anschauen. Dass bei allen Pulsaren die Rotationsgeschwindigkeit abnimmt, führt zu dem Schluss, dass diese Sterne bei ihrer Entstehung wohl viel schneller rotiert haben als heute.

Diese Idee wurde von einer hellen Supernova bestätigt, die im Juli des Jahres 1054 im Sternbild Stier zu sehen war und von Zivilisationen auf der ganzen Welt beschrieben wurde. 1968 wurde genau an dieser Stelle ein Pulsar entdeckt, der dem Neutronenstern entspricht, den die Supernova von 1054 zurückgelassen hat. Mit einem Alter von weniger als 1000 Jahren ist dies einer der jüngsten bekannten Pulsare und mit 30 Umdrehungen pro Sekunde auch einer der Pulsare, die sich am schnellsten drehen. 1998 wurde ein noch schnellerer junger Pulsar im Sternbild Schwertfisch entdeckt, der auch nur ein paar tausend Jahre alt ist und sich unglaubliche 62 Mal pro Sekunde dreht. Wir wissen nicht, wie schnell sich diese Pulsare gedreht haben, als sie gerade entstanden waren, vermutlich war die Rotationsfrequenz höher als heute. Man vermutet heute, dass sich Pulsare bei ihrer Entstehung infolge einer Supernova-Explosion vielleicht 100 Mal und mehr pro Sekunde drehen.

Wenn sich Pulsare nach der Geburt sehr schnell drehen und im Verlauf ihres Alterungsprozesses langsamer werden, kann man natürlich erwarten, dass sie Millionen von Jahren nach einer Supernova-Explosion erheblich abgebremst sind. Und in der Tat drehen sich ein paar alte Pulsare nur einmal alle 10–15 Sekunden. Das ist immer noch absurd schnell verglichen mit den meisten Sternen und Planeten, aber für einen Pulsar sehr gemütlich.

Das alles erscheint recht einleuchtend. Aber kurioserweise können manche Pulsare sehr spät in ihrem Leben diese allmähliche Verlangsamung umkehren. Sie rotieren trotz ihres hohen Alters von Millionen oder gar Milliarden Jahren schneller als je zuvor in ihrem Leben. Der aktuelle Rekordhalter ist ein Pulsar im Sternbild Schütze mit dem Namen „PSR J1748-2446ad", der 2006 von Jason Hessels, einem kanadischen Astronomiestudenten, entdeckt wurde. Hessels' außergewöhnliche Messungen zeigten, dass sich dieser ganz spezielle Stern 716 Mal pro Sekunde dreht! Und nicht nur das: Dieser und viele andere schnelle „Rotatoren" (es sind fast 200 Pulsare bekannt, die sich mehr als 200 Mal pro Sekunde drehen) rotieren nicht nur ungewöhnlich schnell, sondern werden auch fast nicht langsamer. In einer Milliarde Jahre wird sich PSR J1748-2446ad wahrscheinlich immer noch mehr als 500 Mal pro Sekunde drehen. Diese alten Pulsare scheinen nicht nur ihren Alterungsprozess rückgängig zu machen, sondern haben auch das Geheimnis der ewigen Jugend entdeckt.

Was bringt einen Pulsar, der die meiste Zeit seines Lebens zunehmend langsamer wurde, später zu schnelleren Rotationsraten als je zuvor? Die typischen Positionen dieser schnell drehenden Pulsare geben einen entscheidenden Hinweis. In den meisten Teilen der Milchstraße verhält sich die überwältigende Mehrheit der Pulsare nämlich recht normal (sofern man eine 25-km-Kugel aus Neutronen als normal bezeichnen kann!), sie drehen sich etwa ein Mal pro Sekunde und werden zunehmend langsamer. Superschnelle Rotatoren sind dort sehr selten. Bei Pulsaren in Kugelsternhaufen ist es aber ganz anders: Fast alle dortigen Pulsare drehen sich ultraschnell und sind alte Neutronensterne, „normale" Pulsare kommen in Kugelsternhaufen praktisch nicht vor.

Wie in Kap. 2 zu sehen war, kann die sehr dicht besetzte stellare Umgebung von Kugelsternhaufen zu allen möglichen seltsamen und unwahrscheinlichen Arten der Sternentwicklung führen, die unter normalen Umständen fast nie auftreten. Eine solche Entwicklung vermutet man im Fall der alten, schnell rotierenden Pulsare. Derzeit stützt man sich auf eine Theorie für die Entstehung dieser seltsamen himmlischen Monster, wonach ein gewöhnlicher Pulsar in einem Kugelsternhaufen einen anderen Stern in sehr geringem Abstand passiert hat und sich die beiden nun gegenseitig auf einer sehr engen Bahn umlaufen. Ist die Umlaufbahn klein genug und der andere Stern groß genug, wird die Schwerkraft des Pulsars Gas von der Oberfläche seines neuen Begleiters ablösen und in Richtung seiner Oberfläche ziehen. Wirbelt das Gas in einer wilden Spirale nach unten auf den Pulsar, beeinflusst es die Rotation des Pulsars und bremst ihn allmählich ab oder beschleunigt ihn – je nach den genauen Bedingungen dieses bizarren Vorgangs. Steht ausreichend Zeit zur Verfügung, kann dieser Vorgang einen Pulsar in immer schnellere Drehung versetzen, sodass er Hunderte Umdrehungen pro Sekunde erreicht. Aus diesem Grund werden diese schnellen Rotatoren auch als „recycelte" Pulsare bezeichnet: Sie werden von ihren Begleitern mit frischer Energie versehen.

Da sich recycelte Pulsare unglaublich schnell drehen und auch im Verlauf der Zeit kaum langsamer werden, stellen sie bemerkenswerte Uhren dar. Über die Zeitdauer von Jahren können diese Pulsare mit der Genauigkeit und Stabilität der feinsten Laboruhren auf der Erde konkurrieren. Wenn auch niemand vorhat, die Mitteleuropäische Sommerzeit mit Hilfe von Pulsaren neu zu definieren, erlauben sie uns, faszinierende Berechnungen und Messungen von Himmelsbahnen durchzuführen.

Um das zu verstehen, werfen wir zunächst einen Blick auf die Umlaufbahn der Erde um die Sonne. Wir alle wissen, dass die Erde ein Jahr braucht, um einmal um die Sonne zu kreisen, wobei dieses Jahr 365 Tage, 5 Stunden, 48 Minuten und 45 Sekunden dauert (wegen der knapp 6 h über die 365 Tage hinaus muss alle 4 Jahre ein zusätzlicher Schalttag einfügt werden, damit alles in der Reihe bleibt). Die durchschnittliche Entfernung der Erde von der Sonne beträgt 149,6 Mio. km, aber die Bahn der Erde ist nicht perfekt kreisförmig, sondern hat die ovale Form einer Ellipse. Deshalb ändert sich der Abstand der Erde von der Sonne im Lauf des Jahres: Anfang Januar ist die Erde der Sonne am nächsten (etwa 2,5 Mio. km näher als im Durchschnitt). Und um Anfang Juli herum erreicht die Erde ihren fernsten Punkt von der Sonne und ist 2,5 Mio. km weiter entfernt als im Durchschnitt. Im Lauf eines Jahres schrumpft und erweitert sich der Sonnenabstand also um bis zu 5 Mio. km.

Mit diesem Wissen betrachten wir nun einen außergewöhnlichen Pulsar namens „PSR J1909-3744", der sich 3700 Lichtjahre entfernt im Sternbild Südliche Krone befindet. Es ist einer dieser recycelten Pulsare in der Umlaufbahn eines Doppelsternsystems, der unaufhörlich seinen Begleitstern umkreist. Da sich PSR J 1909-3744 aber auch 340 Mal pro Sekunde dreht, können wir ihn als superpräzise Uhr nutzen, um außergewöhnlich genaue Rechnungen anzustellen.

Beispielsweise können wir trotz der großen Entfernung des Pulsars seine Umlaufzeit mit 36 Stunden, 48 Minuten und 10,032524 s (bei einer Genauigkeit von etwa 1 Mikrosekunde!) bestimmen. Darüber hinaus ist die Bahn, die dieser Pulsar beschreibt, der perfekteste Kreis, der im Universum bekannt ist. Der Durchmesser der Umlaufbahn des Pulsars beträgt 1,14 Mio. km, er verändert sich während der über 36 stunden eines Umlaufs nur um etwa zehn millionstel Meter, also um weniger als die Dicke eines menschlichen Haars. Dass wir solch feine Messungen an einem winzigen Objekt, das so weit entfernt ist, durchführen können, grenzt an ein Wunder.

Und damit noch nicht genug! Die Rotationsraten recycelter Pulsare können uns helfen, die genaue atomare Struktur von Neutronensternen zu verstehen. Wie wir in Kap. 11 sehen werden, nimmt man heute an, dass die unglaubliche Dichte eines Neutronensterns die Atome in seltsame neue Formen presst, die langen Röhren und flachen Pfannkuchen ähneln. Aber wie sich Atome unter solch extremen Bedingungen im Detail verhalten, können wir nur vermuten. Denn auch wenn diese Vermutung wohlbegründet ist, sind wir schließlich nicht in der Lage, zu einem Neutronenstern zu reisen, einen Klumpen Materie von seiner Oberfläche aufzunehmen und ihn für eine Laboranalyse zurückzubringen, um unsere Theorie zu testen!

Doch vielleicht können uns die Rotationsraten zu wichtigen Hinweisen verhelfen. Der Grund ist, dass es eine feste physikalische Grenze für die größtmögliche Rotationsrate gibt, die ein Pulsar erreichen kann. Die Drehung eines Objekts führt zu einer Zentrifugalkraft, die alles in seinem Inneren nach außen zieht. Dreht man das Objekt schneller als es seine Struktur aushält, fliegt es auseinander. Je schneller ein Objekt rotiert, umso instabiler ist es. Wir können daher irgendein Modell für die Struktur eines Neutronensterns nehmen und die größtmögliche Drehgeschwindigkeit berechnen, die der Stern aushält. Finden wir einen Neutronenstern, der sich schneller als dieser Grenzwert dreht, wissen wir sofort, dass das entsprechende Modell für die Neutronensternstruktur wohl nicht korrekt ist.

Die Existenz von PSR J1748-2446ad mit seinen 716 Umdrehungen pro Sekunde schließt einige Strukturmodelle von Neutronensternen aus, während sich andere Modelle bestätigen lassen könnten, nach denen selbst bei diesen wilden Rotationsgeschwindigkeiten der Stern noch problemlos zusammenhält. Die Jagd auf noch schneller rotierende Pulsare, mit denen man die verschiedenen Theorien auf ihre Tauglichkeit testen kann, ist also noch im Gang. Astronomen reden oft ehrfürchtig vom Bestreben, einen „Sub-Millisekunden-Pulsar“ zu finden – das ist ein Stern, der sich mehr als 1000 Mal pro Sekunde dreht. Existieren solche astronomischen Kolibris? Die Zeit wird es uns verraten.

5
Zwerge und Riesen: Extreme der Größe

Ein Blick zum Nachthimmel genügt, um zu verstehen, weshalb viele Jahrhunderte lang die meisten Menschen die Erde für den Mittelpunkt des Universums hielten. Unser Planet ist schließlich groß, wogegen die Sonne, der Mond, die Planeten und Fixsterne alle recht klein aussehen. Selbst heute noch kommt uns die Erde riesig vor. Wir mögen in der Lage sein, die Städte der Welt dank „Google Earth“ mit ein paar Mausklicks zu überfliegen, aber sobald wir wirklich in weit entfernte Gegenden reisen, werden die vollen 510 Mio. km^2 Erdoberfläche offenkundig.

Ich fahre gelegentlich von Sydney in das knapp 1000 km entfernte Melbourne. Diese Fahrt dauert einen ganzen Tag, und wenn ich am Ende der Fahrt aus dem Auto steige, fühle ich mich unweigerlich erschöpft und ausgelaugt. Wenn ich dann auf einem Globus meine zurückgelegte Strecke betrachte, fühle ich mich betrogen und bin enttäuscht: Mir erschien die Fahrt so lang, und doch liegen Sydney und Melbourne fast aufeinander, wenn man ihre Entfernung mit einem Planeten vergleicht, der einen Durchmesser von mehr als 12.000 km hat. Mit den allermodernsten Flugzeugen können wir in weniger als 24 Stunden von der einen Seite des Planeten auf die andere reisen. Der schnelle Flieger mag die Reisezeit ganz erheblich reduzieren, aber ich finde nicht, dass dadurch die Welt kleiner erscheint. Ich bin schon oft an klaren Tagen am Fenster eines Flugzeugs gesessen und habe die Landschaft unter mir betrachtet. Was mich bei einem solchen Flug jedes Mal aufs Neue fasziniert, ist, dass die Erde selbst aus 10.000 m Höhe für meine eigenen Augen völlig flach zu sein scheint. Dabei weiß ich natürlich, dass die Erde rund ist. Ich starre mit zusammengekniffenen Augen auf den Horizont in vielleicht Hunderten von Kilometern Entfernung und kann die Krümmung der Erdoberfläche nicht sehen. Ich bin nicht wirklich daran interessiert, jemals einen Ausflug in den Weltraum zu machen, aber ich würde schon gern einmal in 30 oder 40 km Höhe befördert werden, sodass ich selbst einmal sehen könnte, ob die Erde wirklich rund ist.

Was wir von der Erde wahrnehmen, ist natürlich nur die Oberfläche einer dreidimensionalen Kugel. Das gesamte Volumen unseres Planeten beträgt mehr als eine Billion Kubikkilometer, die fast alle völlig unerforscht sind. Nach unseren alltäglichen Maßstäben ist die Erde also riesig. Sonne und Mond dagegen erscheinen so klein, dass wir sie mit der ausgestreckten Hand komplett verdecken können, und all die Planeten und Sterne sind nicht größer als Stecknadelköpfe. Beim Betrachten des Nachthimmels kann man anfangen, zu verstehen, weshalb die Entdeckungsschritte – dass die Sonne und nicht die Erde das dominierende Mitglied unseres Sonnensystems ist, dass die Erde noch nicht einmal der größte Planet der Sonne ist, und dass die Sonne selbst nur einer von vielen Sternen ist – allesamt seismische Schocks für die in diesen Dingen so empfindliche Kirche und auch die Wissenschaft waren.

Auch wenn wir heute akzeptieren, dass Erde und Sonne gemessen an der kosmischen Skala klein und unbedeutend sind, ist es schwer, die riesigen Ausmaße dieser Gebilde wirklich zu verstehen. Die Sonne hat schließlich einen Durchmesser von fast 1,4 Mio. km und ist so groß, dass die Erde eine Million Mal in sie hineinpasst und immer noch reichlich Platz frei ist.

Schon diese Zahlen übersteigen unsere Vorstellungskraft, aber im Universum gibt es viele Objekte, die noch viel, viel größer sind.

Aufgebläht, pulsierend und nicht ganz dicht

Die Sonne ist in fast jeder Hinsicht ein gewöhnlicher und nicht weiter bemerkenswerter Stern. Ihr Alter, ihre Zusammensetzung, die Temperatur und die Masse sind alle recht durchschnittlich. Und während es viele Sterne gibt, die erheblich kleiner als die Sonne sind, sind manche auch wesentlich größer.

Manche Sterne sind einfach deshalb größer als die Sonne, weil sie eine größere Masse haben. Der helle Stern Achernar im Sternbild Eridanus zum Beispiel, der mit dem bloßen Auge sichtbar ist, hat etwa die sechsfache Masse der Sonne, was sich darin ausdrückt, dass er zehn Mal größer ist und einen Durchmesser von etwa 15 Mio. km hat. Achernar ähnelt der Sonne insofern, als er in seinem Kern Wasserstoff zu Helium verschmilzt. Wie wir in Kap. 2 gesehen haben, befindet sich für die Astronomen ein Stern, der auf diese Weise seine Energie erzeugt, auf der „Hauptreihe" des Schemas der Sternentwicklung. Ordnet man eine Liste von Hauptreihensternen nach zunehmender Masse, bilden sie auch tatsächlich eine Reihe mit zunehmender Größe (und auch eine Reihe drastisch abnehmender Lebensdauer, wie ich in Kap. 4 erklärt habe).

Es gibt jedoch viele Sterne am Himmel, die von dieser einfachen Ordnung auf wilde Weise abweichen. Ein berühmtes Beispiel ist Mira, ein Stern in etwa 420 Lichtjahren Entfernung im Sternbild Walfisch. Mira ist nur etwa 20 % schwerer als die Sonne, aber 400 Mal größer! Der Durchmesser von Mira beträgt etwa 500 Mio. km, in ihm hätte die Sonne mitsamt Merkur, Venus, Erde und Mars ausreichend Platz. Selbst vom Neptun aus würde Mira riesig aussehen und am irdischen Himmel würde der Stern 180 Mal größer als die Sonne erscheinen.

Miras enorme Größe stellt ein Rätsel dar. Wenn dieser Stern nur etwas massereicher als die Sonne ist, warum ist er dann um so viel größer? Einen wichtigen Hinweis liefert der Name Mira selbst, den ihr der polnische Astronom Johannes Hevelius im 17. Jahrhundert gab. „Mira" ist lateinisch und heißt „wundersam" oder „außergewöhnlich". Hevelius wählte diesen Namen, da sich mit diesem Stern etwas abspielt, was damals noch nie beobachtet worden war: Er verschwindet manchmal. Unserem modernen Verständnis nach ist Mira ein „periodisch veränderlicher Stern", das heißt, seine Helligkeit verändert sich in einem vorhersagbaren und regelmäßigen Zyklus. In Miras Fall dauert dieser Zyklus elf Monate. Am Anfang dieses Zyklus ist Mira ein recht heller Stern, der leicht mit bloßem Auge zu beobachten ist. Aber dann wird er langsam schwächer, um fünf Monate später für unser Auge zu verschwinden. Er ist dann nur noch mit einem Fernglas oder einem kleinen Teleskop zu sehen und erreicht weitere zwei Monate später den lichtschwächsten Punkt in seinem Zyklus, wobei die Helligkeit auf ein Hundertstel des Höchstwertes fällt. Nach weiteren vier Monate beginnt der Zyklus von neuem. Die ersten Berichte über Miras 11-Monats-Zyklus liegen fast 400 Jahre zurück. Außer Mira wurden inzwischen etliche tausend weitere Sterne identifiziert und katalogisiert, die auf ähnliche Weise langsam heller und wieder dunkler werden, wobei die Dauer der Zyklen von zehn Wochen bis zu drei Jahren reicht. Zu Ehren des ersten entdeckten Sterns dieser Art werden sie „Mira-Sterne" genannt.

Miras gigantische Größe und die regelmäßigen Helligkeitsveränderungen sind beides Anzeichen dafür, dass sie ein hohes Alter erreicht hat und nicht mehr bei bester Gesundheit ist. Mira war früher einmal ein normaler Hauptreihenstern wie die Sonne, hat nun aber den gesamten Wasserstoff in ihrem Kern verbraucht und hinterlässt Helium als die Überreste ihrer Jahrmilliarden dauernden Energieproduktion. Hat ein Stern den Punkt erreicht, an dem der Energievorrat aufgebraucht ist, fehlen ihm die Strahlung und die Wärme, um seine Größe aufrecht zu erhalten, und die unerbittliche Faust der Gravitation beginnt ihn zusammenzudrücken. Der Heliumkern des Sterns zieht sich zusammen, und die dadurch erzeugte zusätzliche Wärme entzündet eine Kernfusion in der umgebenden Wasserstoffhülle.

Nun hat der Stern hat eine neue Energiequelle, die ihn vor dem Auslöschen bewahrt, aber er zahlt einen hohen Preis dafür, denn die kombinierte Wärme des Kerns und der neu entzündeten Wasserstoffhülle sorgt dafür, dass sich die äußeren Schichten des Stern dramatisch ausdehnen. Der Stern wird Hunderte Male größer und Tausende Male heller, hat aber in etwa nur die halbe Oberflächentemperatur, die er in seiner Jugend hatte. Das Ergebnis ist ein Stern mit einem dichten, heißen Kern, umgeben von einer enorm aufgeblähten, empfindlichen Hülle, der nun in einem matten Rot leuchtet, statt in sattem Gelb zu strahlen, wie wir es mit Sternen wie der Sonne verbinden. Der Stern ist nun zu einem „Roten Riesen" geworden.

Obwohl viele Sterne (unsere Sonne eingeschlossen) einmal zu Roten Riesen werden, ist dieser Sterntypus nicht besonders häufig, da dieses Stadium nur eine relativ kurze Zeitspanne des Sternenlebens ausmacht. Für die Sonne wird die Phase als Roter Riese etwa 1 Mrd. Jahre andauern, nach unseren alltäglichen Maßstäben eine unvorstellbar lange Zeit, aber kurz im Vergleich zu den vorausgehenden 10 Mrd. Jahren auf der Hauptreihe. Trotz ihrer Seltenheit sind Rote Riesen so lichtstark, dass viele von ihnen leicht mit bloßem Auge zu sehen sind, selbst wenn sie Hunderte von Lichtjahren entfernt sind. Andere wohlbekannte Rote Riesen neben Mira sind Arktur im Bärenhüter (der dritthellste Stern am Himmel) und Aldebaran (der hellste Stern im Sternbild Stier). Im Gegensatz zu Miras dramatischen Helligkeitsveränderungen leuchten Arktur und Aldebaran recht gleichmäßig. An Mira ist ziemlich ungewöhnlich, dass der Stern nicht zum ersten Mal ein Roter Riese ist. Wie ich in Kap. 2 erklärt habe, wird der träge Heliumkern durch seine eigene erdrückende Schwerkraft irgendwann bis auf etwa 100.000.000 °C erhitzt, was in seinem Zentrum eine erneute Kernfusion in Gang setzt. Im Zentrum des Sterns wird nun Helium zu Kohlenstoff umgewandelt, umgeben von einer Hülle, in der Wasserstoff zu Helium verbrennt. Der Stern ist nun in die Lebensphase auf dem „Horizontalast" eingetreten, eine Phase relativer Ruhe, die weitere hundert Millionen Jahre andauert. Es beginnt wieder ein vergleichsweise geregelter Betrieb, und der Stern zieht sich auf eine handlichere Größe zusammen.

Wenn aber das gesamte Helium des Kerns in Kohlenstoff umgewandelt ist, befindet sich der Stern wieder in einer ähnlichen Lage wie zuvor, als der gesamte Wasserstoff in seinem Zentrum in Helium umgewandelt war. Die Fusionsreaktionen im Zentrum hören auf, das Zentrum kontrahiert und erhitzt sich, was dann die umgebende Heliumhülle entzündet. Wir haben nun einen Stern, der Milliarden von Jahren alt ist, einen Kern aus Kohlenstoff hat, eine umgebende Hülle, in der Helium zu Kohlenstoff verbrannt wird und eine weitere Schicht weiter außen, in der Wasserstoff zu Helium verbrannt wird. Diese zusätzliche Energie führt erneut dazu, dass der Stern dramatisch heller wird und auf enorme Größe anschwillt. Er hat nun einen Durchmesser, in den die Erdumlaufbahn bequem hineinpasst, und nimmt nochmals seine Rolle als Roter Riese ein. Die Astronomen bezeichnen diese zweite Phase als Roter Riese als „Asymptotischen Riesenast" („Asymptotic Giant Branch", AGB). Auf diesem Ast befinden sich Mira und ihre Brüder, die Mira-Sterne.

Miras Helligkeit variiert so dramatisch und regelmäßig, da sie wie ein langsam schlagendes Herz pulsiert. Wenn Mira am hellsten ist, ist sie etwa 20 % kleiner als in der Zeit, in der sie am schwächsten leuchtet. Dieses Pulsieren ist symptomatisch für den grundlegenden Zusammenbruch der Regulierung, die gewöhnlich das Verhalten eines Sterns bestimmt.

Zu unserem Glück sind die Sonne und andere Sterne fein justierte Maschinen, bei denen alles perfekt im Gleichgewicht ist. Sollte die Sonne anfangen, etwas heißer als üblich zu werden, wird diese Temperaturzunahme dazu führen, dass das Gas im Inneren etwas durchlässiger wird und die zusätzliche Wärme nach außen lässt, was die Temperatur wieder auf den alten Wert reduziert. Auf ähnliche Weise wird das Gas bei kühleren Temperaturen etwas undurchlässiger und hält mehr Wärme im Inneren zurück. Dieser wunderbare, natürliche Thermostat hält die Temperatur, die Helligkeit und die Größe der meisten Sterne konstant.

Ein Symptom für Miras fortgeschrittenes Alter ist, dass ihr Thermostat nicht mehr richtig funktioniert, sodass sie sich völlig umgekehrt verhält. Bei der Dichte und dem Druck, die in Miras Innerem vorherrschen, nimmt das Gas recht ungewöhnliche Eigenschaften an. Erhitzt sich dort eine Gasschicht, wird das Gas undurchlässiger und nicht etwa durchlässiger, wie bei gewöhnlichen Sternen. Dadurch wird die Wärme im Sterninneren festgehalten, was den Druck erhöht und den Stern zwingt, sich auszudehnen. Bläht sich der ohnehin bereits riesige Stern noch weiter auf, kühlt sich das Gas ab. Daraufhin wird es aber nicht undurchlässiger, um die Wärme festzuhalten, sondern durchlässiger, sodass die Wärme noch schneller entweichen kann, was den Stern wieder auf seine vorherige Größe schrumpfen lässt. Durch das Schrumpfen steigen Druck und Temperatur wieder an, und der Kreislauf beginnt von vorn.

Ein weiteres Symptom des hohen Alters ist, dass Mira undicht ist. Während der Stern pulsiert, strömen gleichzeitig jede Sekunde etwa 20 Billionen t Materie von seiner Oberfläche in den Weltraum. Mira bewegt sich ziemlich schnell durch den Raum mit einer Geschwindigkeit von etwa 470.000 km/h: Durch die Kombination von hoher Geschwindigkeit und rasantem Gewichtsverlust hinterlässt der Stern eine gewaltige Spur, die sich über 13 Lichtjahre erstreckt (was von der Erde aus gesehen etwa viermal der Durchmesser des Vollmonds ist). Wie Hevelius schon vor fast 400 Jahren bemerkte, ist Mira wahrlich wundersam.

Die stellaren Schwergewichte

Es ist kaum zu glauben, aber es gibt Sterne, die sogar noch größer als Mira sind. Ein Stern, der mehr als etwa zehnmal so viel wie die Sonne wiegt, bekommt dasselbe Problem wie Mira, wenn sein Inneres keinen Brennstoff mehr hat: Die Kernreaktionen hören auf, das Zentrum des Sterns wird durch seine eigene Schwerkraft zusammengedrückt und Wasserstoff beginnt, in einer Hülle um das Zentrum herum zu brennen. Aber die größere Masse bedeutet mehr Schwerkraft, die den Stern zusammendrückt und die Temperatur steigen lässt: Der Stern schwillt noch weit mehr an als ein Stern wie die Sonne und wird zu einem roten Überriesen.

Für die hellsten dieser Giganten ist das rote Schimmern auch mit bloßem Auge leicht auszumachen. Prominente Beispiele sind Antares im Sternbild Skorpion und Beteigeuze im Sternbild Orion. Diese Sterne sind absolut gigantisch: Antares hat einen Durchmesser, der 800 Mal so groß wie der der Sonne ist, während Beteigeuze sogar 1000 Mal größer als die Sonne ist.

Doch das Kuriositätenkabinett endet hier noch nicht.

Der größte bekannte Stern ist ein Roter Überriese namens „UY Scuti“ mit einer Entfernung von etwa 9500 Lichtjahren im Sternbild Schild. Dieser außergewöhnliche Stern hat einen Durchmesser von etwa 2,4 Mrd. km und ist 1700 Mal so groß wie die Sonne. Im Zentrum unseres Sonnensystems platziert, würde UY Scuti nicht nur Merkur, Venus, Erde und Mars umhüllen, sondern auch noch bequem über die Umlaufbahn von Jupiter hinausreichen. Hätte UY Scuti die Größe eines Basketballs, wäre die Sonne kleiner als eine Hausstaubmilbe. Und die Erde? Unser Heimatplanet, der selbst von einem Flugzeugfenster aussieht, als dehnte er sich unendlich weit aus? Er wäre auf die Größe einer Bakterie reduziert.

Gemeinsam sind wir größer

Selbst die größten Sterne sind nur winzige Mitglieder im riesigen stellaren Chor, aus dem eine Galaxie besteht. Unsere Milchstraße ist ein typisches Beispiel einer Spiralgalaxie: eine flache Scheibe von einigen hundert Milliarden Sternen, von denen viele zu spektakulären, gebogenen Spiralarmen gruppiert sind. Diese glitzernde Struktur misst 100.000 Lichtjahre von einer Seite bis zur anderen und dreht sich langsam um ihr Zentrum; für jede Umdrehung benötigt sie etwa 200 Mio. Jahre. Seit die Erde vor 4,6 Mrd. Jahren entstand, hat die Milchstraße nur 22 Umdrehungen gemacht.

Die Milchstraße ist ungeheuer schwer und hat eine Masse von mehr als einer Billion Sonnen. Sie übt daher eine starke Gravitationskraft auf ihre Umgebung aus und kann sich problemlos kleinere Galaxien, die ihr zu nahe kommen, schnappen. In der Tat haben Astronomen viele Sterne in unserer Milchstraße identifiziert, die eine ungewöhnliche Zusammensetzung oder eine seltsame Umlaufbahn haben. Man nimmt an, dass es sich dabei um die Überreste anderer Galaxien handelt, die die Milchstraße erbeutet und schließlich verdaut hat!

Im Fall der „elliptischen Sagittarius-Zwerggalaxie" („Sagittarius Dwarf Elliptical Galaxy", SagDEG) im Sternbild Schütze findet der Verdauungsprozess vor unseren Augen statt. SagDEG wurde erst vor 15 Jahren entdeckt, denn die Reste dieser Galaxie sind mit der viel größeren Zahl von Sternen der Milchstraße vermischt. SagDEG besteht nur aus einigen Zehnmillionen Sternen, die anderen wurden im Laufe der Zeit herausgezogen und sind jetzt über die ganze Milchstraße verteilt.

Die Milchstraße schluckt kleinere Galaxien wie SagDEG fast ohne mit der Wimper zu zucken. Sie wird aber schließlich mit einer anderen großen Spiralgalaxie, der Andromedagalaxie, zusammenstoßen, die es mit ihr aufnehmen kann. Wie ich in Kap. 10 weiter ausführen werde, befinden sich die Milchstraße und Andromeda bereits in der gegenseitigen Gefangenschaft ihrer Schwerkraft und rasen mit 430.000 km/h aufeinander zu. Da die beiden Galaxien zurzeit aber noch etwa 2,5 Mio. Lichtjahre voneinander entfernt sind, wird es etwa 2 Mrd. Jahre dauern, bis diese kolossale Begegnung ihren Höhepunkt erreicht.

Der Zusammenstoß mit Andromeda wird sich sehr von den Kollisionen unterscheiden, die die Milchstraße mit diversen kleineren Galaxien erlebt hat. Da Andromeda und die Milchstraße etwa die gleiche Größe und Masse haben, kann es keinen klaren Sieger geben. Während eines komplizierten und chaotischen Tanzes, der Milliarden von Jahren dauern wird, werden lange Schweife aus stellaren und gashaltigen Bruchstücken von jeder Galaxie durch die Schwerkraft des Partners weggerissen werden. Doch trotz des großräumigen Massakers sind die Chancen, dass zwei einzelne Sterne zusammenstoßen, gering.

Schließlich werden sich diese beiden filigranen Spiralgalaxien zu einer einzigen riesigen Kugel von Sternen zusammenfügen, die man als „elliptische" Galaxie bezeichnet. Astronomen haben viele elliptische Galaxien identifiziert, von denen vermutlich die meisten das Ergebnis einer Vereinigung kleinerer Spiralgalaxien sind. Eine neu formierte elliptische Galaxie hat mehr Masse und eine stärkere Schwerkraft als jede der Galaxien, aus der sie entstand. Da elliptische Galaxien zunehmend andere Galaxien absorbieren, können sie in der Tat sehr groß werden.

Diesem Prozess sind die größten Galaxien im Universum, die „cD-Galaxien" (D steht für diffus, c bezeichnet die Leuchtkraft) besonders stark unterworfen. Sie sind vielleicht das Produkt Dutzender solcher Vereinigungen. Das größte dieser gigantischen Monster ist „IC 1101", eine Galaxie mit ungeheuren 5 Mio. Lichtjahren Durchmesser, die etwa 50 Mal so groß wie die Milchstraße ist und viele Billionen Sterne enthält. Um dies anschaulich zu machen, lassen wir UY Scuti, den größten bekannten Stern, auf die Größe eines Stecknadelkopfs schrumpfen. Die Milchstraße hätte dann einen Durchmesser von 300 km, während IC 1101 so groß wie der ganze Planet Erde wäre.

Löcher, Blasen und Wände

Ungeachtet ihrer Größe sind Galaxien nur Tupfer auf der Leinwand des Universums. Die Galaxien, die wir auf umwerfend detaillierten Fotos sehen, sind mit ihrem vollen Wirbel an Farben und prächtigen Schwaden von Sternen eher die Ausnahme als die Regel. Die meisten Galaxien sind viel weiter entfernt und erscheinen selbst durch leistungsfähige Teleskope nur als längliche Kleckse.

Und obwohl jede einzelne so wenig Information bietet, sind diese fernen Galaxien dennoch oft von größerem Interesse für Astronomen als die näher gelegenen, die wir im Detail studieren können. Es werden riesige Anstrengungen unternommen, um forensische Experimente am gesamten Universum durchzuführen: Galaxien sollen nicht um ihrer selbst willen untersucht werden, sondern um sie als Bojen im Meer des Kosmos zu nutzen.

Wenn man die riesigen Galaxienkataloge durchgeht, die inzwischen vorhanden sind, ist der erste Eindruck, dass Galaxien zufällig und gleichmäßig über den Kosmos verteilt sind. Die Wirklichkeit sieht jedoch völlig anders aus.

Das Problem ist das Fehlen eines richtigen Standpunkts für unsere Beobachtungen. Wenn wir die alltägliche Welt um uns herum betrachten, können wir mit Hilfe der Tiefenwahrnehmung erkennen, welche Objekte nah und welche fern sind. Das verdanken wir der Tatsache, unsere Umgebung mit zwei Augen unter leicht unterschiedlichen Blickwinkeln sehen zu können. Dieser Trick funktioniert jedoch nicht, wenn wir am Nachthimmel die Sterne beobachten, weil sie so unendlich weit entfernt sind, dass sich das Bild im einen Auge von dem im anderen nicht unterscheidet. Die gewaltigen Dimensionen des Kosmos lassen uns alle zu einäugigen Sternguckern werden, denen der Himmel flach erscheint.

Während der letzten paar Jahrzehnte haben Astronomen versucht, die ebene Fläche, die der Himmel gewöhnlich darstellt, zu durchbrechen und ein wahrheitsgetreues Bild des Universums zu rekonstruieren. Das Ziel war, eine sehr große Zahl an Galaxien zu entdecken, deren Position zu bestimmen und, ganz entscheidend, deren Abstand. In einer solchen dreidimensionalen Darstellung verwandelt sich der Himmel, der zuvor wie ein per Zufall mit Salzkörnern berieseltes schwarzes Papier aussah, in eine bemerkenswert komplizierte und strukturierte Skulptur. Wie wir jetzt wissen, ist das Universum nicht ebenmäßig glatt, sondern schaumig und klumpig. Galaxien sind in langen Filamenten und Ketten angehäuft, die mit anderen Gruppen von Galaxien wie ineinander greifende Seifenblasen verbunden sind. Umgekehrt befinden sich im Inneren dieser Blasen riesige öde Leerräume, dunkle Tiefen des Raums ohne jegliche Sterne und Galaxien, die oft mehr als 100 Mio. Lichtjahre Durchmesser haben (mehr über diese kosmischen Leerräume in Kap. 11).

Dieser Versuch einer dreidimensionalen Rekonstruktion des Universums hat die größte bisher bekannte Struktur in ihm aufgedeckt, eine kolossale Kette von 73 riesigen Galaxien namens „LQG U1.27“, die vom britischen Astronom Roger Clowes und seinen Kollegen 2012 gefunden wurde. LQG U1.27 hat einen Durchmesser von etwa 4 Mrd. Lichtjahren und verläuft direkt durch das Sternbild Löwe.

Es ist bemerkenswert, dass ein derartiges Riesengebilde nicht schon lange vor 2012 entdeckt wurde. Man könnte meinen, es genüge, den Nachthimmel zu fotografieren, und schon würde man ein solches Gebilde als riesige, den Himmel durchziehende Galaxienkette wahrnehmen. Aber während wir problemlos die einzelnen Galaxien von LQG U1.27 sehen können, erscheint ohne Tiefenwahrnehmung die Form der Kette völlig verwaschen. LQG U1.27 ist durch die viel größere Anzahl nicht dazugehöriger Galaxien im Vordergrund und Hintergrund zugedeckt.

Die Entfernung von Galaxien zu messen, ist harte Arbeit. Es erforderte Jahrzehnte gewaltiger Anstrengungen, bis der Punkt erreicht war, an dem man ein ausreichend gutes dreidimensionales Bild des Universums in Händen hält und in der Lage ist, ein Gebilde wie LQG U1.27 zu entdecken. Um bei diesen Untersuchungen die Entfernung zu bestimmen, spaltet man das Licht einer Galaxie in das Spektrum der einzelnen Frequenzen auf, man bestimmt also die Farben der Galaxie.

Da das Universum expandiert, werden die Lichtwellen gestreckt, die uns von fernen Galaxien erreichen. Die Streckung der Lichtwellen lässt diese Galaxien röter erscheinen als das der Fall wäre, wenn sie ihren Abstand nicht veränderten. Je weiter eine Galaxie entfernt ist, umso ausgeprägter ist diese Verschiebung zum roten Ende des Spektrums hin. Wenn wir also die „Rotverschiebung" einer Galaxie messen, können wir ihre Entfernung vernünftig schätzen. Für eine typische Galaxie benötigt man für eine solche Messung mit einem modernen Teleskop eine Belichtungszeit von vielleicht einer Stunde.

Weshalb sind diese Messungen harte Arbeit? Weil das Erstellen eines 3D-Bildes des Universums erfordert, dieses Prozedere für Hunderttausende von Galaxien zu wiederholen. Braucht man für eine Galaxie eine Stunde, wird daraus ein Jahrzehnt oder mehr, wenn man ausreichend viele Galaxien erfassen will, um ein nutzbringendes Bild zu erhalten. Die frühen, bahnbrechenden Bemühungen der 1980er-Jahre gingen diese Aufgabe in der Tat an und nahmen sich eine Galaxie nach der anderen vor, um die ersten Bilder von Blasen, Wänden und Leerräumen zu produzieren. Aber in den 1990er-Jahren wurde den Astronomen klar, dass neue Technologien nötig waren, um wesentliche Teile des Himmels abzudecken. So entwickelten sie neue Kameras, die Hunderte von Glasfasern nutzten, um die Farben vieler Galaxien gleichzeitig zu messen. Mit diesen faseroptischen Systemen konnte ein einziges Teleskop praktisch in hundert separate Teleskope umgewandelt werden, die alle gleichzeitig die Entfernungen verschiedener Galaxien zu messen vermögen.

Diese neuen faseroptischen Beobachtungen haben nun etwa 40 % des Himmels abgedeckt und zur Entdeckung von LQG U1.27 und vieler anderer bemerkenswerter Strukturen geführt. So durchschlagend der Erfolg dieser Teleskope auch ist, so ernüchternd ist die Feststellung, dass 60 % des Himmels noch kartiert werden müssen. Während wir die wahre Gestalt des Universums mehr und mehr enthüllen, bleibt abzuwarten, ob etwas noch Größeres als LQG U1.27 auftauchen wird.

Die Zwerge des Sonnensystems

Damit Sie sich nicht von den ungeheuren Ausmaßen der größten Objekte im Universum überwältigt fühlen, wenden wir uns zum Abschluss einigen der kleinsten Objekte zu, die entdeckt worden sind.

Die allerkleinsten Dinge sehen wir natürlich nicht durch Teleskope, sondern durch leistungsstarke Mikroskope: Moleküle, Atome, Protonen, Neutronen und Quarks. Und die moderne Physik sagt eine Vielfalt an Teilchen voraus, die überhaupt keine exakte Größe haben, die man messen könnte. Dazu gehört das bescheidene Elektron, das uns mit Strom versorgt (siehe Kap. 9). Versuche, die Größe des Elektrons zu messen, haben uns nur Obergrenzen gebracht: Wenn dieses winzige Stück Materie eine Ausdehnung hat, dann muss sie kleiner als 0,0000000000000001 % eines Millimeters sein. Unsere Himmelsbeobachtungen können an solch winzige Skalen nicht herankommen, aber wir kennen doch viele Objekte, die in Anbetracht der großen Entfernungen, aus denen wir sie sehen, überraschend klein sind.

Eine Vergleichsgröße stellt für uns die Sonne dar, die einen Durchmesser von 1,4 Mio. km hat. Die kleinsten normalen Sterne sind, wie wir in Kap. 4 gesehen haben, Rote Zwerge, die 10 % der Sonnenmasse oder weniger haben können und deren Durchmesser entsprechend kaum mehr als 200.000 km beträgt. Aber sobald Sterne das Ende ihres aktiven Lebens erreichen, können sie noch weit kleiner werden. Wenn die Sonne ihren Brennstoff aufgebraucht hat, wird ihr Kern als Weißer Zwerg zurückbleiben. Weiße Zwerge sind heiß (Kap. 2), dicht (Kap. 11) und haben einen Durchmesser von nur etwa 10.000–12.000 km, was ungefähr dem Durchmesser des Planeten Erde entspricht. Ein Stern, der viel größer als die Sonne ist, explodiert in einer Supernova und lässt ein noch dichteres und kleineres Objekt als einen Weißen Zwerg zurück, nämlich einen Neutronenstern. Neutronensterne haben vermutlich einen Durchmesser von nur 25 km und sind damit kleiner als die meisten Millionenstädte auf der Erde.

Wenn wir uns auf Objekte beschränken, die Hunderte oder Tausende Lichtjahre entfernt sind, ist es kaum möglich, irgendetwas zu entdecken, was noch kleiner als ein Neutronenstern ist. Selbst der kleinste bekannte Planet außerhalb des Sonnensystems, ein winziges Objekt namens „Kepler-37b", hat einen Durchmesser von deutlich über 3000 km. Wagen wir uns aber näher an unsere Heimat in das Gebiet von Monden, Kometen und Asteroiden, die unsere eigene Sonne umrunden, finden wir noch kleinere Objekte recht schnell.

Wenn wir von unserem Sonnensystem reden, stellen wir uns gewöhnlich die Sonne und ihre acht Planeten vor. Das ist jedoch nur die Spitze des Eisbergs. Außer von den Planeten wird die Sonne von fünf „Zwergplaneten" (eine neue Kategorie, zu der der Ex-Planet Pluto und vier andere Objekte ähnlicher Größe gehören), näherungsweise 420 Monden, rund 5000 bekannten Kometen und mehr als 600.000 bekannten Asteroiden umrundet.

Beim Kauf eines komplizierten Lego-Modells werden Sie oft feststellen, dass ein paar Teile übrig sind, wenn Sie fertig sind – die Packung enthielt mehr Teile als Sie brauchten. So ist es auch mit den Asteroiden: Sie sind die „Ersatzteile" des Sonnensystems. Als die Sonne entstand, verbanden sich die meisten Brocken, Felsen und Steine zu den Planeten und Monden, die wir heute sehen. Aber aus verschiedenen Gründen bildeten manche dieser Bruchstücke keine Planeten oder Monde, sondern verblieben mehr oder weniger in ihrem ursprünglichen Zustand und wurden Asteroide. Die fast 18.000 Asteroiden tragen Namen unterschiedlichster Herkunft, von der Klassik („Juno", „Vesta" und „Urania") über Personen, denen Ehre erwiesen wird („Einstein", „Beethoven", „Hitchcock" und „DiMaggio"), bis zu Organisationen und Orten („United Nations", „Chicago" und „NASA"). Aber die überwältigende Mehrheit hat einfach einen alphanumerischen Code und einen Katalogeintrag, der Details ihrer Umlaufbahnen, Größen und Massen enthält.

Die Größe der meisten bekannten Asteroiden reicht von einigen hundert Kilometern bis zu einigen hundert Metern. Es gibt unzählige Millionen von Objekten, die noch viel kleiner sind, aber entweder zu schwach leuchten oder zu weit entfernt sind, um sichtbar zu sein. Viele von ihnen verglühen in der Erdatmosphäre, wenn sie uns so nahe kommen, bevor wir überhaupt wissen, dass es sie gab. Aber inzwischen gibt es eine wachsende Zahl wahrlich winziger Objekte, die uns nahe genug kommen, sodass sie für uns sichtbar werden und wir sie auf ihrer Bahn um die Sonne verfolgen können.

Der aktuelle Rekordhalter für das kleinste bekannte Objekt auf einer Umlaufbahn um die Sonne ist ein winziger Wicht von einem Asteroiden namens „2008 TS26". Er wurde am 9. Oktober 2008 von dem renommierten Asteroiden- und Kometenjäger Andrea Boattini mit einem kleinen Teleskop in der Nähe von Tucson, Arizona, in den

USA entdeckt. Boattini sah einen winzigen Lichtfleck im Sternbild Fische, etwa eine Million Mal schwächer als ein Objekt, das man mit bloßem Auge hätte erkennen können. Im Lauf der nächsten paar Stunden zog dieses winzige Objekt durch den Himmel und legte eine Strecke zurück, die größer als der Durchmesser des Vollmonds war. Damit gab es deutlich preis, dass es sich nicht um einen fernen Stern oder eine ferne Galaxie handeln konnte, sondern nur um ein Objekt in Erdnähe.

Mit ein paar weiteren Beobachtungen konnten Boattini und andere die grundlegenden Eigenschaften von 2008 TS26 berechnen. Sie fanden heraus, dass dieser Gesteinsbrocken absolut winzig war. Wie winzig? Asteroid 2008 TS26 hat einen Durchmesser von nur etwa 50–100 cm, hat also die Größe eines großen Strandballs! Dass Astronomen solch winzige Objekte finden und nachverfolgen können, ist ein hervorragendes Zeugnis für die Qualität der modernen Instrumente und auch für die Präzision unserer Berechnungen. Interessanterweise verrät uns die Umlaufbahn von 2008 TS26, dass dieser Brocken ein paar Stunden vor seiner Entdeckung beinahe mit der Erde kollidiert wäre: Er verfehlte uns nur um 7000 km, bevor er sich wieder in den Weltraum entfernte. Das war eine der knappsten je verzeichneten Begegnungen, aber es bestand kein großer Anlass zur Sorge, denn hätte uns 2008 TS26 direkt getroffen, wäre er aufgrund seiner geringen Größe weitgehend in der Erdatmosphäre zerfallen, und nur Bruchstücke wären am Boden angekommen. Nun wird der kleine 2008 TS26 auf seiner Umlaufbahn um die Sonne, die nur 32 Monate dauert, ohne Zweifel für einen neuen Versuch in unsere Umgebung zurückkehren.

6
Eile und Weile: Extreme der Geschwindigkeit

Alle vier Jahre wendet sich die Welt den olympischen Sommerspielen zu und staunt über die atemberaubende Geschwindigkeit der Athleten beim 100 m-Lauf. Hochgetrimmte Sportler legen die Strecke in etwa derselben Zeit zurück, die die meisten von uns brauchen, um die Schnürsenkel zu binden. Die schnellsten dieser Läufer erreichen für ein paar stürmische Sekunden Geschwindigkeiten von mehr als 40 km/h, wenn sie auf die Ziellinie zurasen.

Im Vergleich zu anderen Geschwindigkeiten in unserem Alltag bewegen sich aber selbst diese beeindruckenden Sprinter nicht gerade schnell. Mit Hilfe der Technik können wir viel höhere Geschwindigkeiten erreichen. Die meisten von uns erreichen ihre höchste Geschwindigkeit im Flugzeug mit einem typischen Wert von etwa 900 km/h. Der Geschwindigkeitsrekord zu Land wurde 1997 vom Briten Andy Green in einem Auto mit Raketenantrieb mit über 1200 km/h aufgestellt. Astronauten und Kosmonauten, die auf der Internationalen Raumstation die Erde umrunden, übertreffen das locker und rasen mit etwa 28.000 km/h um den Globus. Die höchste Geschwindigkeit, mit der je ein Mensch gereist ist, liegt bei 39.000 km/h oder etwa 11 km in jeder Sekunde und wurde von den amerikanischen Astronauten an Bord von Apollo 10 während ihrer Rückkehr vom Mond im Mai 1969 erreicht.

So eindrucksvoll diese Geschwindigkeiten auch erscheinen, so werden doch unsere Anstrengungen schon von den banalsten astronomischen Objekten weit übertroffen. Beginnen wir mit unserem eigenen Planeten Erde, der die Sonne einmal pro Jahr umläuft. Diesen Umlauf bewältigt die Erde mit einer Durchschnittsgeschwindigkeit von 107.000 km/h. Obwohl wir in jedem Augenblick unseres Lebens mit dieser Wahnsinnsgeschwindigkeit befördert werden, merken wir nichts davon, da sich die Erde auf einer nahezu geraden Linie bewegt: Die Krümmung der Erdumlaufbahn ist minimal, die Erde ändert ihre Richtung nur um etwa 1 Grad pro Tag. Die Umlaufbahn ist also so groß, dass kein Effekt der Krümmung wahrnehmbar ist und wir die hohe Umlaufgeschwindigkeit nicht spüren.

Die Geschwindigkeit der Erde auf ihrer Bahn ist weit jenseits aller Geschwindigkeiten, die wir in unserer täglichen Erfahrung gewohnt sind. Aber die Erde wird wiederum von den wahnsinnigen Geschwindigkeiten in den Schatten gestellt, die für viele andere Himmelskörper Routine sind.

Die Schnellen und die Wilden

Die Erde umrundet die Sonne mit 107.000 km/h, wird aber von Merkur, dem innersten Planeten unseres Sonnensystems, deutlich übertroffen. Dieser kleine heiße Felsball umläuft die Sonne mit mehr als 170.000 km/h.

Bis in die 1990er-Jahre war Merkur der schnellste Planet, von dem wir wussten. Doch eine Fülle neuer Entdeckungen von Planeten außerhalb unseres Sonnensystems hat Merkur aus den „Top 100“ verdrängt, und nach neuesten Maßstäben ist er eher ein behäbiger Fußgänger – und kein flinker Götterbote.

In der Zeit, in der ich dieses Buch schrieb, waren uns mehr als 1000 Planeten bekannt, die andere Sterne umlaufen, und die Liste wird wöchentlich länger. Diese anderen Welten, die als „extrasolare Planeten“ oder „Exoplaneten“ bezeichnet werden, bilden eine seltsame Gruppe und weisen meist wenig Ähnlichkeit mit den vertrauten Planeten unseres eigenen Sonnensystems auf. Die bemerkenswerteste Entdeckung war eine Kategorie von Planeten, die als „Heiße Jupiter“ bezeichnet wird. Sie wurden so getauft, weil es sich um riesige Gasplaneten handelt, die „unserem“ Jupiter ähneln, aber ihre Muttersonne in einem außergewöhnlich geringen Abstand umlaufen. Der Abstand des schnellen Merkur von der Sonne beträgt etwa 40 % des Abstands der Erde von der Sonne, wobei Merkur 88 Tage für einen Umlauf benötigt. Dagegen beträgt der Abstand eines Heißen Jupiter von seinem Mutterstern nur etwa 5 % des Abstands der Erde von der Sonne. Ein solch seltsamer Planet rast in nur ein paar Tagen um seine Sonne.

Einer der schnellsten derzeit bekannten Exoplaneten ist ein Heißer Jupiter namens „WASP-12b“. Dieser Himmelskörper umläuft einen ansonsten nicht weiter bemerkenswerten Stern namens „2MASS J06303279+2940202“ (oder kurz „2MASS J0630“ oder „WASP-12“), der sich in 870 Lichtjahren Entfernung von der Erde im Sternbild Fuhrmann befindet.

„WASP“ steht für „Wide Angle Search for Planets“, die „12“ bedeutet, dass dies der zwölfte Stern war, bei dem das

WASP-Projekt einen Planeten entdeckte, und „b" drückt aus, dass der Planet das zweite bekannte Objekt dieses Sternsystems ist. „WASP-12a" wäre der Mutterstern selbst, und sollte ein zweiter Planet um diesen Stern entdeckt werden, so hieße er „WASP-12c".

WASP-12b ist viel zu schwach, um durch irgendein Teleskop direkt sichtbar zu sein: Sein Mutterstern überstrahlt ihn um einen Faktor 3000. Stattdessen wurde er durch eine einfache, aber viel Akribie erfordernde Technik entdeckt, die als „Transitmethode" bezeichnet wird.

Die Suche nach Planeten, die andere Sterne umkreisen, ist eine mühsame Angelegenheit. Bei den riesigen Entfernungen, von denen wir sprechen, sind Planeten sehr klein und äußerst lichtschwach. Um einen Planeten zu finden, ist es viel leichter, sich einer indirekten Methode zu bedienen und unsere Bemühungen auf ein viel größeres und viel helleres Objekt zu fokussieren: auf den Mutterstern. Die Transitmethode wird von Astronomen häufig angewandt und basiert auf der Tatsache, dass die Umlaufbahnen zumindest einige dieser Exoplaneten direkt vor ihren Zentralstern führt, wenn wir ihn von der Erde aus betrachten. (Es ist so ähnlich, wie wenn sich der Mond manchmal vor die Sonne schiebt und eine Sonnenfinsternis auslöst.)

Auch wenn ein Exoplanet nicht annähernd groß genug sein wird, um seinen Stern zu verdecken, wird er doch einen kleinen Teil von ihm abdecken und damit eine leichte Abdunkelung des Lichts verursachen. Natürlich erstreckt sich diese Abdunkelung nur über die kurze Phase der Umlaufbahn, in der sich der Exoplanet vor dem Stern befindet. Während des Rests des Umlaufs wird man auch mit der sorgfältigsten Beobachtung nicht die geringste Spur des

Planeten entdecken, und die überwältigende Mehrheit an Exoplaneten wird gar keine uns mit dem Rand zugewandte Umlaufbahn haben, weswegen es nie zu einer solchen teilweisen Abdeckung kommt.

Exoplaneten mit Hilfe der Transitmethode zu finden, erfordert eine ständige sorgsame Beobachtung einer großen Anzahl von Sternen in der Hoffnung, dass vielleicht einer von ihnen für eine kurze Zeit ein klein wenig dunkler wird. Bei all dem erforderlichen Aufwand können Transitsuchen ausgesprochen fruchtbar sein, denn der Betrag, um den der Stern dunkler wird, verrät uns sofort die Größe des Exoplaneten, während uns die Zeit zwischen zwei aufeinander folgenden Transits seine Umlaufzeit angibt. WASP-12b wurde von einer großen Gruppe von Astronomen unter Führung von Leslie Hebb an der University of St. Andrews in Schottland entdeckt. Hebb und ihr Team maßen die Helligkeit von 2MASS J0630 im Lauf der Jahre 2006 und 2007 Tausende Male und identifizierten schließlich ein Dimmen des Sternlichts um etwa 1,3 %, das etwa 3 h andauerte und sich alle 26 h wiederholte. Sie kombinierten dann die Umlaufzeit und die Transitdauer mit anderen Messungen und Rechnungen und gewannen so die Information, dass WASP-12b fast den zweifachen Durchmesser von Jupiter hat und dass er beim Umlauf eine Höchstgeschwindigkeit von 849.000 km/h erreicht oder etwa 240 km in jeder Sekunde!

Nehmen wir einmal an, wir könnten irgendwie die 870 Lichtjahre, die uns von WASP-12b trennen, überbrücken und würden uns entscheiden, eine Expedition zu seiner Untersuchung zu entsenden. Da WASP-12b ein Riese aus Gas ist, könnten wir nicht auf seiner Oberfläche landen, aber vielleicht würden wir uns gerne auf eine Umlaufbahn um den Planeten begeben und ihn von dort aus untersuchen. Eine solche Umlaufbahn einzunehmen wäre jedoch keine leichte Aufgabe, und wir würden auch nicht sehr lange dort ausharren wollen.

Zunächst müssten wir die gleiche Geschwindigkeit wie WASP-12b erreichen, bevor wir einen Umlauf starten könnten. Das hieße, die halsbrecherische Geschwindigkeit von 849.000 km/h um den Mutterstern aufzunehmen, um mit dem Planeten mithalten zu können. Das ist mehr als das 20-fache des Geschwindigkeitsrekords von Apollo 10 und würde somit eine Kombination neuer Antriebstechnologien und riesiger Treibstoffmengen erfordern. (Andererseits wäre das vielleicht auch kein Problem mehr, wenn wir einen Weg gefunden hätten, von der Erde zu WASP-12b zu reisen.) Wäre der Plan für die WASP-12b-Mission gewesen, die Entdeckungen und Bilder einem Publikum auf der Erde oder anderenorts zu übertragen, hätte es zusätzlicher Anstrengungen bedurft, eine Kommunikationsverbindung aufrecht zu erhalten. Wir wissen, wie sich der Ton der Sirene eines Krankenwagens ändert, wenn er auf der Straße an uns vorbeifährt: Der Ton wird höher, wenn sich das Fahrzeug auf uns zu bewegt und tiefer, wenn es sich von uns entfernt. Dieses Phänomen, das „Doppler-Effekt“ genannt wird, tritt auch bei der Übertragung von Funkwellen von einer fernen Weltraummission auf. Wenn sich WASP-12b um seinen Stern bewegt, rast er auf einem Teil seiner Umlaufbahn mit 849.000 km/h auf die Erde zu, während er sich 13 h später mit 849.000 km/h von uns entfernt. Das Signal, das von irgendjemandem oder irgendetwas auf einer Umlaufbahn um WASP-12b ausgesandt wird, unterliegt daher einer immensen Doppler-Verschiebung. Eine Radioantenne, die das Signal empfängt, müsste ständig die Frequenz nachjustieren, um guten Empfang zu haben.

Auch wenn wir einen Umlauf um WASP-12b ermöglichen könnten, wäre das eine unangenehme Erfahrung. WASP-12b umrundet seinen Stern in einer Entfernung von nur 3,4 Mio. km. Das klingt nach einer großen Zahl, ist aber nur 2,3 % der Entfernung zwischen Erde und Sonne. In so großer Nähe wäre der Zentralstern kein warmer, freundlicher Leuchtturm wie die Sonne, sondern eine wilde Bestie, die den Himmel dominiert und etwa 5.000 Mal größer erscheint als die Sonne von der Erde aus. Unsere unerschrockenen Forscher bräuchten schwere Schutzpanzer gegen das Bombardment mit schädlichen Röntgenstrahlen und energiereichen Teilchen. Und zu alledem wäre das Licht des Sterns bei diesem geringen Abstand 6.000 Mal heller als das Licht, das die Erde von der Sonne empfängt. Die daraus resultierende Temperatur wäre extrem hoch und würde etwa 2200 °C betragen. Bei dieser Temperatur würden Eisen und Gold schmelzen und Blei kochen. Unser Raumschiff müsste aus außergewöhnlichen Materialien hergestellt sein und bräuchte ein ebenso außergewöhnliches System von Kühl- und Klimaanlagen, um seine menschlichen Bewohner vor dem Verbrennen zu schützen. Bis jetzt haben Wissenschaftler Hunderte Heiße Jupiter wie WASP-12b gefunden, und diese Zahl erhöht sich rasant, weil wir über zunehmend empfindlichere und ausgeklügeltere Methoden zur Entdeckung von Exoplaneten verfügen. Das bedeutet, dass der Geschwindigkeitsrekord eines Planeten, der zurzeit von WASP-12b gehalten wird, bestimmt bald gebrochen wird.

Eine der Fragen, an denen Astronomen beim Studium Heißer Jupiter noch rätseln, ist, wie diese bizarren Welten entstanden sind. Es ist unwahrscheinlich, dass so große Planeten ihr Leben so nah an ihrem Mutterstern begannen: Die extreme Schwerkraft und Temperatur, denen sie auf ihren Umlaufbahnen ausgesetzt sind, bedeuten, dass ihre Lebensdauer begrenzt ist. In der Tat deuten Beobachtungen von WASP-12b mit dem Hubble-Weltraumteleskop darauf hin, dass große Mengen an Gas von WASP-12b bereits beginnen, vom Mutterstern weggerissen zu werden. In weiteren 10 Mio. Jahren wird der Planet von seinem viel größeren Mutterstern vielleicht völlig in Stücke zerfleddert sein.

Zurzeit favorisieren die meisten Astronomen als Erklärung der Existenz Heißer Jupiter, dass diese Planeten weit von ihren Sternen entfernt entstanden und auf würdevollen Bahnen ähnlich der des Jupiter in unserem eigenen Sonnensystem kreisten. Doch früh im Leben eines Sterns ist seine Umlaufbahn noch voll von großen Ansammlungen aus Gas, Fels und Staub. Durch einen Prozess, der „planetare Migration" genannt wird, können sich die Bahnen jupiterähnlicher Planeten durch die Wechselwirkung der Schwerkraft zwischen diesen interplanetaren Bruchstücken langsam verschieben, sodass sie sich zunehmend dem Zentralstern nähern. Man muss also vielleicht nicht fragen, weshalb andere Sterne Heiße Jupiter besitzen, sondern warum unser Sonnensystem keine hat. Da die Astronomen weiterhin mehr und mehr Exoplaneten entdecken, können wir hoffen, immer genauer zu verstehen, wie Planeten entstanden und weshalb die Umlaufbahnen in verschiedenen Sonnensystemen so unterschiedlich verteilt sind.

Davongejagt

Wenn wir die Geschwindigkeit eines Objekts messen, hängt das Ergebnis von unserem Standort ab. Vom Standstreifen der Autobahn aus gesehen scheinen die Autos vorbei zu flitzen. Fahren wir dagegen mit der Richtgeschwindigkeit auf der mittleren Spur, scheinen uns die Autos auf der linken Spur langsam zu überholen, während die auf der rechten Spur langsam hinter uns zurückfallen. Deshalb muss für jeden Anspruch auf einen kosmischen Geschwindigkeitsrekord der Bezugspunkt mit angegeben werden, von dem aus die Messung erfolgt. Die Geschwindigkeit, mit der WASP-12b seinen Stern umläuft, ist aus der Perspektive des Sterns extrem hoch. Aber was ist, wenn sich auch dieser Stern mit hoher Geschwindigkeit durch den Weltraum bewegt?

In der Tat scheint von außen betrachtet selbst unsere eigene Sonne in Eile zu sein. Sie befindet sich auf einer Umlaufbahn um das Zentrum der Milchstraße wie jeder andere Stern, den wir mit bloßem Auge sehen können. Die Milchstraße dreht sich sehr langsam, und unser Sonnensystem braucht mehr als 200 Mio. Jahre für eine Umrundung. Man könnte daher meinen, dass die Sonne im Schneckentempo durch die Galaxie kriecht. Aber die Länge der Umlaufbahn beträgt atemberaubende 170.000 Lichtjahre, sodass trotz der 200 Mio. Jahre, die wir haben, um diese Strecke zurückzulegen, keine Zeit zum Trödeln bleibt! In der Tat wurde vor kurzem für die Sonne eine Umlaufgeschwindigkeit um die Milchstraße von 914.000 km/h gemessen, was knapp über der Geschwindigkeit von WASP-12b liegt, die wir gerade diskutiert hatten.

Die Geschwindigkeit der Sonne klingt extrem, aber die meisten Sterne in unserer Nachbarschaft befinden sich auf ähnlichen Umlaufbahnen, sodass wir unsere Bewegung gewöhnlich fast nicht bemerken. Inzwischen sind die Umlaufbahnen vieler Sterne der Milchstraße vermessen worden, und es scheint, dass die meisten Sterne mit einer ähnlichen Geschwindigkeit wie die Sonne auf ähnlichen Kreisbahnen das Zentrum der Milchstraße umlaufen.

In den letzten Jahren haben jedoch Astronomen eine sehr seltsame Population von „Hyperschnellläufern" („Hypervelocity Stars") entdeckt, die viel schneller als Sterne wie die Sonne dahinrasen und auch völlig anderen Wegen folgen.

Die Geschichte begann 1951, als die australischen Astronomen Jack Piddington und Harry Minnett in einem Vorort Sydneys mit einem Radioteleskop eine starke Quelle von Radiowellen entdeckten, die aus Richtung des Sternbilds Schütze und des Zentrums der Milchstraße kamen.

Dieses Objekt, das nun als „Sagittarius A" bekannt ist, war in den letzten 60 Jahren Gegenstand ausgiebiger Untersuchungen. Wir wissen nun, dass es sich tatsächlich im Zentrum der Milchstraße befindet und ungefähr 27.000 Lichtjahre von der Erde entfernt ist. In Sagittarius A eingebettet ist ein winziges, lichtschwaches Objekt, das als Sagittarius A* (gesprochen: Sagittarius A Stern) bekannt ist, und das, soweit wir das sagen können, genau im geometrischen Zentrum unserer Galaxie liegt. Alles andere kreist auf einer Umlaufbahn, aber Sagittarius A* ruht still.

Astronomen haben sorgfältige Messungen mit Radio- und Infrarotteleskopen durchgeführt, um sowohl Masse als auch Größe von Sagittarius A* zu bestimmen. Die Ergebnisse sind verblüffend: Sagittarius A* ist ein paar Millionen

Mal schwerer als die Sonne, ist aber so klein, dass er (oder es) in die Umlaufbahn des Merkur passen würde. Kein normaler Stern kann so massereich und dennoch so klein sein. Die Astronomen glauben nun, dass Sagittarius A* mit großer Sicherheit ein supermassereiches Schwarzes Loch ist – eine riesige kondensierte, kollabierte Wolke aus Materie, deren Dichte so hoch und deren Schwerkraft so immens ist, dass alle Materie, die ihr zu nahe kommt, in ihren Schlund gesogen wird. Wie der Name „Schwarzes Loch" andeutet, kann nicht einmal Licht aus dem Inneren dieses Gebildes entkommen. Während das Schwarze Loch im Zentrum der Milchstraße aber vermutlich wirklich schwarz ist, erzeugt Gas auf seinen rasenden, letzten Umlaufbahnen sehr nahe am Rand des Schwarzen Lochs große Mengen an Licht und Wärme und stellt die Quelle dar, die wir als Sagittarius A* sehen. Aber was hat ein supermassereiches Schwarzes Loch im Zentrum der Milchstraße, das einzige Objekt in der ganzen Galaxie, das sich vielleicht überhaupt nicht bewegt, mit Hyperschnellläufern zu tun?

Die Antwort deutete sich zum ersten Mal 1988 an, als der amerikanische Astronom Jack Hills überlegte, was wohl passiert, wenn zwei eng miteinander verbundene Sterne, die sich in einem Doppelsternsystem gegenseitig umkreisen, eine hautnahe Begegnung mit einem supermassereichen Schwarzen Loch haben. Es wird Fälle geben, in denen beide Sterne das Schwarze Loch knapp verfehlen und ihren Weg fortsetzen. Es könnte aber auch sein, dass beide Sterne in das Schwarze Loch fallen und für immer verschwinden. Hills erkannte aber, dass die Schwerkraft des Schwarzen Lochs auch gelegentlich ein Doppelsternsystem in zwei separate Sterne aufbrechen kann. Einer der Sterne wird dann vom Schwarzen Loch eingefangen, aber der andere kann mit einer extrem hohen Geschwindigkeit von deutlich über 1.000.000 km/h fortkatapultiert werden.

Ein solches Ereignis wäre gewiss spektakulär, leider ist es aber sehr schwierig, irgendwelche Sterne zu finden, die auf diese Weise aus dem galaktischen Zentrum geschleudert wurden. Erstens ist anzumerken, dass diese Hyperschnellläufer recht selten sind – in 100.000 Jahren wird vielleicht nur ein Hyperschnellläufer auf diese Weise erzeugt. Zweitens werden diese Sterne nicht nur schnell genug sein, um nicht in das zentrale supermassereiche Schwarze Loch zu fallen, ihre Geschwindigkeit wird vielmehr auch ausreichen, den gravitativen Klauen der Milchstraße zu entkommen. Keine 100 Mio. Jahre (ein kosmischer Wimpernschlag), nachdem er aus dem galaktischen Zentrum geschleudert wurde, wird ein Hyperschnellläufer die Milchstraße ganz verlassen haben und durch die leeren Weiten zwischen den Galaxien treiben.

Die einzigen Hyperschnellläufer, für deren Entdeckung wir vielleicht eine Chance haben, sind solche, die erst vor relativ kurzer Zeit von Sagittarius A* herausgeschleudert wurden – die anderen sind der Milchstraße alle schon längst entkommen. Da solche Sterne vergleichsweise selten herausgeschossen werden, können wir nur mit sehr wenigen rechnen, die für uns zu sehen sein könnten. Es gibt über den gesamten Himmel verteilt vielleicht 1000 solcher Sterne. Diese Handvoll Sterne unter den Hunderten Milliarden anderer, gewöhnlicher Sterne in der Milchstraße zu finden, ist das ultimative Problem der Nadel im Heuhaufen. Nachdem Jack Hills seine Berechnungen veröffentlicht hatte, betrachteten die meisten Astronomen das Konzept der Hyperschnellläufer zwar als interessante und plausible Idee, aber als eine Idee, deren praktische Überprüfung vielleicht zu schwer ist.

Das alles änderte sich 2005, als ein junger amerikanischer Astronom namens Warren Brown sich daran machte, eine neue Karte der Massenverteilung und der Struktur der Milchstraße zu erstellen. Als Teil dieses Projekts benutzte Brown ein Teleskop in Arizona, um einen riesigen Katalog zuvor noch nicht untersuchter Sterne zu erstellen. Die meisten Sterne schienen normal, aber ein schwacher Stern namens „SDSS J0907" stach hervor.

Wie schon erwähnt, ändert sich durch den Doppler-Effekt nicht nur der Sirenenton eines vorbeifahrenden Krankenwagens, sondern auch die Frequenz des Lichts eines Sterns, der sich schnell bewegt. Bewegt sich der Stern auf uns zu, wird die Frequenz seines Lichts, also seine Farbe, zum blauen Ende des Spektrums hin verschoben, während das Licht eines sich entfernenden Sterns zum Roten verschoben ist. Es ist nicht ungewöhnlich, dass die Farbe von Sternen aufgrund ihrer jeweiligen Bewegung etwas zum Blauen oder Roten verschoben ist, aber SDSS J0907 ist viel, viel röter als er sein sollte. Browns sorgfältige Messung seiner Doppler-Verschiebung zeigte, dass sich SDSS J0907 mit mehr als 3 Mio. km/h von der Sonne entfernt. Ein Teil dieser Bewegung kommt vom Umlauf der Sonne um das Milchstraßenzentrum, aber wenn man das berücksichtigt, findet man heraus, dass die Geschwindigkeit von SDSS J0907 gegenüber einem „stationären" Beobachtungspunkt etwa 2,5 Mio. km/h beträgt.

Allein diese ungeheure Geschwindigkeit deutet schon darauf hin, dass SDSS J0907 durch eine nahe Begegnung mit Sagittarius A* aus dem Zentrum der Milchstraße hinauskatapultiert wurde. Zumindest ist es schwer, eine andere Erklärung für eine solche Geschwindigkeit eines ansonsten gewöhnlichen Sterns zu finden. Der schlagende Beweis jedoch ist die Richtung, in die sich SDSS J0907 bewegt: Seine Bahn führt ihn exakt aus dem Zentrum der Galaxie weg. Dieser Stern bewegt sich nicht nur schneller als alle anderen, der Startpunkt seiner Reise scheint auch genau dort gewesen zu sein, wo es Jack Hills vorhergesagt hatte: Es war eine nahe Begegnung mit dem riesigen Schwarzen Loch im Zentrum der Milchstraße.

Berechnungen deuten darauf hin, dass sich SDSS J0907 und sein Begleitstern vor etwa 150 Mio. Jahren Sagittarius A* annäherten, als noch Dinosaurier die Erde beherrschten. Sein Begleitstern fiel in das Schwarze Loch und ist für immer verloren, aber die Schwerkraft des Schwarzen Lochs gab SDSS J0907 so immens viel Schwung, dass er mit Millionen von Kilometern pro Stunde nach außen schoss, um nie wieder zurückzukehren. Bis jetzt hat sich SDSS J0907 mehr als 400.000 Lichtjahre von Sagittarius A* entfernt und zeigt keine Anzeichen, langsamer zu werden. Er hat die Außenbezirke der Milchstraße bereits erreicht, und die Geschwindigkeit von SDSS J0907 reicht locker aus, um unserer Galaxie völlig zu entkommen. Es wird nicht mehr lange dauern, bis er in der Einöde des intergalaktischen Raums ankommt.

Warren Browns bemerkenswerte Entdeckung hat ein völlig neues Forschungsgebiet geschaffen. Im Lauf der letzten paar Jahre haben Brown und sein Team beharrlich nach weiteren Hyperschnellläufern gesucht, während andere Astronomen angefangen haben, mit ausgeklügelten Simulationen die Details von Jack Hills' ursprünglicher Idee herauszuarbeiten. Auf der schnell wachsenden Liste stehen zurzeit etwa 20 Hochgeschwindigkeitssterne, von denen jeder mit mehr als 1.000.000 km/h von Sagittarius A* wegrast. SDSS J0907 hält zurzeit immer noch den Rekord als schnellster Stern dieser Gruppe, aber es wäre keine Überraschung, wenn bald ein noch schnellerer gefunden würde.

Der Katalog dieser bemerkenswerten Sterne, in dem die Geschwindigkeit und die Richtung ihrer Bewegung ebenso verzeichnet sind wie die Zeit, in der sie aus dem Zentrum der Milchstraße geschossen wurden, lässt uns hoffen, eine fossile Geschichte der Hyperschnellläufer entwickeln zu können, die den aggressiven Umgang verrät, den das zentrale Schwarze Loch unserer Galaxie im Lauf der letzten paar Millionen Jahre all denen zuteilwerden ließ, die ihm zu nahe kamen.

Nur zum Spaß

Kaum zu glauben, aber die Hyperschnellläufer sind nicht die schnellsten bekannten Sterne. Den Rekord halten vielmehr Neutronensterne, jene winzigen, schnell rotierenden Sterne, denen wir in den Kap. 2 und 4 begegnet sind, und die als kollabierte Kerne zurückbleiben, wenn massereiche Sterne ihr Leben in einer Supernova-Explosion beenden.

Bei einem solchen folgenschweren Ereignis schleudert ein Stern seine äußeren Schichten in den Weltraum und setzt in Bruchteilen einer Sekunde genug Energie frei, um vorübergehend eine ganze Galaxie an Helligkeit zu übertreffen. Wäre eine Supernova-Explosion perfekt kugelsymmetrisch, würden die Bruchstücke gleichmäßig in alle Richtungen wegfliegen und der Neutronenstern säße stationär im Zentrum. Um das zu verstehen, stellen Sie sich ein Poolbillard vor, bei dem zu Anfang 15 nummerierte Kugeln in einem Dreieck angeordnet sind mit der schwarzen 8 in der Mitte. Führt der erste Spieler den Anstoß genau richtig durch, fliegen 14 der 15 Kugeln in alle Richtungen davon, während sich die schwarze Kugel nicht bewegt.

Supernova-Explosionen sind jedoch keine guten Billardspieler. Aus Gründen, die uns noch nicht klar sind, sind diese Detonationen nicht symmetrisch, es wird vielmehr Materie in manche Richtungen schneller nach außen geschleudert als in andere. Auch wenn die Asymmetrien nur winzig klein sind, ist die Energie der Explosion so groß, dass der neu entstandene Neutronenstern in eine zufällige Richtung einen Kick bekommt und mit extremer Geschwindigkeit losfliegt. In der Tat ist die typische Geschwindigkeit, mit der junge Neutronensterne aus Supernova-Explosionen herausgeschleudert werden, deutlich über 1.000.000 km/h. Selbst ein gewöhnlicher und nicht weiter bemerkenswerter Neutronenstern kann bequem mit den extremsten Hyperschnellläufern mithalten oder sie sogar übertreffen.

Die genaue Geschwindigkeit von Neutronensternen zu messen ist nicht ganz einfach. Sie sind äußerst lichtschwach, und die Frequenz ihres Lichts ist nicht genau definiert, sodass die für Hyperschnellläufer taugliche Technik der Doppler-Verschiebung hier nicht funktioniert. Um die Geschwindigkeit von Neutronensternen zu messen, muss man stattdessen direkter vorgehen: Man vermisst „einfach“ ihre Position am Himmel, wartet einige Monate oder Jahre und misst ihre Position erneut. Hat sich die Position verändert und kennen wir die Entfernung des Sterns, können wir bestimmen, wie schnell er sich bewegt.

Das hört sich sehr einfach an, aber die Technik zur Bestimmung der „Eigenbewegung" kann äußerst schwierig sein, denn selbst bei Bewegungen mit extrem hohen Geschwindigkeiten sind die Sterne so weit entfernt, dass sie von der Erde aus betrachtet fast still stehen. Zum Beispiel braucht ein Neutronenstern, der sich in 10.000 Lichtjahren Entfernung mit 1.000.000 km/h bewegt, immerhin 100.000 Jahre, um am Himmel eine Strecke zurückzulegen, die dem Durchmesser des Vollmonds entspricht. Es sind also feinste Präzisionsmessungen nötig, um eine solche Bewegung innerhalb einer vernünftigen Zeitspanne bestimmen zu können.

Zum Glück sind moderne Teleskope dieser Aufgabe gewachsen: Solche Bestimmungen sind absolut machbar, auch wenn sie nicht gerade einfach oder unkompliziert sind. Auf diese Weise wurden inzwischen die Eigenbewegungen von mehr als 200 Neutronensternen bestimmt, und man hat herausgefunden, dass manche atemberaubende Geschwindigkeiten haben. Zurzeit ist der schnellste bekannte Neutronenstern (und auch der schnellste bekannte Stern überhaupt) „PSR B2224+65" im Sternbild Kepheus in etwa 6500 Lichtjahren Entfernung.

PSR B2224+65 ist kein besonders schnell rotierender Neutronenstern. Während wir in Kap. 4 einem Neutronenstern begegnet sind, der sich 716 Mal pro Sekunde drehte, rotiert PSR B2224+65 vergleichsweise behäbig mit nur 1,5 Umdrehungen pro Sekunde. Was ihm an Spin fehlt, macht er jedoch mit schierer Geschwindigkeit wett. Astronomen führten von 1984 bis 1988 wiederholt Positionsmessungen von PSR B2224+65 mit dem ultra-scharfen Auge des englischen MERLIN-Teleskop-Netzwerks durch. Die Verschiebung der Sternposition zwischen 1984 und 1988 war minimal: Sie entsprach der Dicke eines menschlichen Haars aus 20 m Entfernung betrachtet. So kümmerlich das auch klingt: Es ist für einen Stern in Tausenden Lichtjahren Entfernung eine beachtliche Wegstrecke. Unsere kosmische Radarfalle, die PSR B2224+65 „geblitzt" hat, kam auf unglaubliche 6,2 Mio. km/h.

Man kann sich schwerlich vorstellen, wie schnell das eigentlich ist: 5200 Mal die Schallgeschwindigkeit, 160 Mal schneller als die Apollo 10-Astronauten, 60 Mal schneller als die Erde auf ihrer Umlaufbahn um die Sonne, 7 Mal schneller als die Umlaufgeschwindigkeit des Heißen Jupiters WASP-12b und mehr als doppelt so schnell wie der Hyperschnellläufer SDSS J0907. Alle 3 Sekunden legt PSR B2224+65 die Entfernung zwischen London und New York zurück und alle 4 Minuten die Entfernung zwischen Erde und Mond.

Bemerkenswert ist, dass bei der Supernova-Explosion, die PSR B2224+65 diesen gewaltigen Stoß versetzte, nur eine Asymmetrie von etwa 3 oder 4 % nötig war, um diese außergewöhnliche Geschwindigkeit hervorzubringen. Die extreme Geschwindigkeit eines Neutronensterns ist nur ein Nebeneffekt der weit dramatischeren und energiereichen Katastrophe einer Supernova.

Die hohe Geschwindigkeit von PSR B2224+65 zu messen, erforderte Geduld: Es dauerte vier Jahre, bis die Positionsänderung des Sterns groß genug war, um messbar zu sein. Neutronensterne bewegen sich jedoch so schnell, dass es eine weitere, zwar weniger genaue aber viel direktere und dramatischere Methode gibt, ihre Bewegungen zu messen. Das Gas zwischen den Sternen ist sehr verdünnt. Aber wenn ein Neutronenstern mit hoher Geschwindigkeit durch diese Materie rast, häuft er, ähnlich einem Schneepflug, Gas auf seiner Vorderseite an. Dieses Gas wird auf eine Temperatur von Tausenden von Grad aufgeheizt und leuchtet hell. Wenn der Neutronenstern vorbeirauscht, folgt ihm ein Teil dieses Gases in seinem Sog. Diese Bugwelle nennt man „Bow Shock", und man hat inzwischen etwa ein Dutzend von Objekten mit Bow Shocks identifiziert. Auch wenn uns Bow Shocks nur recht grobe Schätzungen der Geschwindigkeit von Neutronensternen erlauben, sind sie doch ein weiterer Beleg dafür, dass sich diese winzigen Objekte extrem schnell bewegen. Wie ferne Drachen, die im Wind flattern, erlauben sie uns, interstellares Gas zu untersuchen, das ansonsten unsichtbar wäre.

Fast so schnell wie das Licht

Eine Geschwindigkeitsbegrenzung, die am Straßenrand angezeigt wird, ist eine Empfehlung und Vorschrift, aber keine feste, unumstößliche Regel. Sie können sich ohne Schwierigkeiten entscheiden, schneller zu fahren (auch wenn dann vielleicht sehr bald ein Strafzettel kommt).

Auch wenn es keine Verkehrspolizisten oder Radarfallen im Weltraum gibt, so gibt es dennoch eine kosmische Geschwindigkeitsbegrenzung. Und die wird schonungslos durchgesetzt: Die Gesetze der Physik besagen, dass kein Objekt jemals diese Geschwindigkeit überschreiten kann. Die ultimative Geschwindigkeitsgrenze ist natürlich die

Lichtgeschwindigkeit: 299.792,458 km/s oder knapp über eine Milliarde Kilometer pro Stunde.

Albert Einstein hat in seiner Speziellen Relativitätstheorie vorausgesagt, dass Objekte, die sich der Lichtgeschwindigkeit annähern, zunehmend schwerer werden und dass deshalb immer mehr Kraft benötigt wird, um sie weiter zu beschleunigen, womit auch die erforderliche Menge an Brennstoff und Energie ins Unendliche steigt. Die Lichtgeschwindigkeit kann man aber nicht erreichen, so sehr man sich auch anstrengt, man kann sich ihr nur annähern. Das erscheint alles sehr bizarr, aber sorgfältige Experimente mit Teilchenbeschleunigern haben bestätigt, dass Objekte, die sich bewegen, wirklich diesen Effekt erfahren und dass sich wirklich nichts schneller als mit Lichtgeschwindigkeit fortbewegen kann.

Das hat wenig Bedeutung für all die bemerkenswert schnellen Planeten und Sterne, die wir bisher diskutiert haben – keiner von ihnen kommt auch nur in die Nähe der Lichtgeschwindigkeit. Selbst die 6,2 Mio. km/h, die die Astronomen für den Neutronenstern PSR B2224+65 gemessen haben, sind nur popelige 0,6 % der Lichtgeschwindigkeit. Aber das Universum ist voll von mysteriösen Teilchen, aus denen die "kosmische Strahlung" besteht. Sie bewegen sich viel, viel schneller als PSR B2224+65 und kommen der Geschwindigkeitsschranke sehr nahe.

Der französische Wissenschaftler Henri Becquerel entdeckte 1896 die Radioaktivität. Wenig später stellten Wissenschaftler fest, dass wir von einer schwachen Hintergrundradioaktivität umgeben sind. Man vermutete, dass diese Radioaktivität aus dem Boden stammte und von Uran und anderen natürlich vorkommenden radioaktiven

Elementen ausgeht. 1912 führte jedoch der österreichische Physiker Victor Hess ein kluges Experiment durch, indem er einen Detektor für Radioaktivität in einem Heißluftballon bis in große Höhen mitnahm. Beim Aufstieg nahm die Radioaktivität zunächst ab, da die Erdatmosphäre radioaktive Strahlung, die aus dem Boden kommt, absorbiert. Als der Ballon jedoch weiter stieg, nahm die Radioaktivität wieder zu. Als sich Hess in 5 km Höhe befand, war die Radioaktivität vier Mal höher als am Boden. Hess zog daraus den klaren Schluss, dass zumindest ein Teil der natürlich vorkommenden Radioaktivität, der wir täglich ausgesetzt sind, nicht aus unter uns vergrabenen Steinen und Mineralien stammt, sondern aus dem Weltall. Hess erhielt 1936 für die Entdeckung dieser mysteriösen kosmischen Strahlung den Nobelpreis. Mehr als 100 Jahre nach Hess' bahnbrechender Arbeit wissen wir eine ganze Menge über die kosmische Strahlung. Wir wissen, dass sie überhaupt keine „Strahlung" ist, sondern ein Bombardement darstellt, das vorwiegend aus Protonen und anderen subatomaren Teilchen besteht. Wir wissen, dass die ganze Milchstraße von diesen Teilchen überschwemmt ist. Und wir wissen, dass sie sich sehr, sehr schnell bewegen. Billionen solcher Teilchen der „kosmischen Strahlung" knallen jede Sekunde auf die Erde. Die meisten entstehen bei energiereichen Ausbrüchen auf der Sonnenoberfläche und bewegen sich typischerweise mit 99 % der Lichtgeschwindigkeit. Das ist schneller als fast alles andere im Universum, aber immer noch fast 11 Mio. km/h langsamer als Licht selbst.

Es gibt jedoch einen äußerst winzigen Bruchteil an Teilchen der kosmischen Strahlung, für die 99 % der Lichtgeschwindigkeit träge erscheinen. Diese seltene Population, die als „ultrahochenergetische kosmische Strahlung“ bezeichnet wird, reicht nahe an die allergrößte Geschwindigkeit heran, die die Gesetze der Physik zulassen. Der definitive Rekord für die schnellste jemals im Universum gemessene Geschwindigkeit, mit Ausnahme von Licht selbst, wurde um genau 08:34 Uhr und 16 Sekunden Mitteleuropäischer Zeit am Dienstag, dem 15. Oktober 1991 in der Nähe der kleinen Stadt Dugway in Utah in den USA aufgestellt. In diesem Moment krachte ein kosmisches Teilchen, wahrscheinlich ein Proton, auf die Erdatmosphäre und detonierte in einem spektakulären Funkenschauer. Ein Teleskop namens „Fly’s Eye“ (Fliegenauge), das speziell zu diesem Zweck entwickelt worden war, erhaschte einen flüchtigen Blick auf diesen Schauer. Aus dem Muster und dem Ausmaß der Funken gelang es den Wissenschaftlern, die Fly’s Eye betrieben, die Geschwindigkeit zu rekonstruieren, mit der uns das Proton getroffen haben muss, und das Ergebnis war sensationell: Bevor es in der Atmosphäre in Stücke zerschmettert wurde, bewegte es sich mit 99,9999999999999999999996 % der Lichtgeschwindigkeit! Um das etwas anschaulicher zu machen stellen Sie sich vor, dass dieses Proton mit einem Lichtstrahl ein Wettrennen über eine Strecke von 1.000.000 Lichtjahren starten würde. Der Lichtstrahl würde natürlich gewinnen, aber nur knapp. Nach 1.000.000 Jahren Kopf an Kopf würde der Lichtstrahl das Proton auf der Ziellinie um etwa 4 cm schlagen. Da kann man wirklich von einem Foto-Finish sprechen.

Während die meisten kosmischen Strahlen, die von Fly’s Eye oder anderen Teleskopen registriert wurden, nur durch eine Katalognummer bezeichnet wurden, hat das Proton vom Oktober 1991 seinen eigenen Namen: Aus nachvollziehbaren Gründen nannten es die Forscher das „Oh-My-God-Teilchen".

Irgendwann vor Millionen von Jahren war in einer fernen Galaxie das Proton, das eines Tages zum Oh-My-God-Teilchen werden sollte, wahrscheinlich ein gewöhnliches, nicht weiter bemerkenswertes atomares Teilchen, das wie jedes andere durch den Weltraum trieb. Doch dann geschah etwas mit diesem Proton, das es auf diese unvorstellbare Geschwindigkeit beschleunigte. Wir wissen nicht, wie das geschah, aber die benötigte Energie ist atemberaubend. Als das Oh-My-God-Teilchen die Erde erreichte, hatte es eine Energie von mehr als 50 J, also etwa 12 cal.

Das klingt nach nicht viel: Sie verbrauchen mehr Kalorien, wenn Sie zur Bushaltestelle laufen. Wir müssen das aber unter einem anderen Blickwinkel sehen. Dazu gehen wir nach Genf, wo der Large Hadron Collider steht, der leistungsstärkste Teilchenbeschleuniger, der je gebaut wurde. Der Bau hat etwa 7 Mrd. € gekostet, und sein Betrieb verschlingt einige hundert Megawatt Strom. Aber selbst der Large Hadron Collider kann subatomare Teilchen nur bis zu einer maximalen Energie von etwa einem millionstel Joule beschleunigen. Es gibt also im Kosmos einen Prozess, der auf irgendeine Weise einem einzelnen Proton 50 Mio. Mal mehr Energie verleihen kann, als diese vom Menschen geschaffene gigantische Maschine.

Es ist wichtig zu verstehen, dass man das Oh-My-God-Teilchen nicht als einmaliges, außergewöhnliches Ereignis abtun kann. Dass wir noch kein anderes kosmisches Teilchen mit dieser Geschwindigkeit entdeckt haben, liegt wohl nur daran, dass wir nicht hartnäckig genug danach gesucht haben. Aktuellen Schätzungen zufolge trifft alle

20 Sekunden irgendwo auf dem Globus ein kosmisches Teilchen mit gleicher oder sogar noch höherer Geschwindigkeit als das Oh-My-God-Teilchen auf die Erdatmosphäre.

Nichts motiviert Astronomen so sehr wie ein kosmisches Rätsel, das gelöst werden muss. Und so gibt es zurzeit ein großes internationales Projekt, in dessen Mittelpunkt ein riesiges Experiment zur kosmischen Strahlung steht, das am Pierre-Auger-Observatorium durchgeführt wird und dessen Hauptziel es ist, weitere Geschwindigkeitsteufel wie das Oh-My-God-Teilchen zu finden.

Auger besteht aus speziell dafür entwickelten Teleskopen, die in Argentinien in der Pampa Amarilla über Tausende von Quadratkilometern verteilt sind. Diese Teleskope suchen jede Nacht den Himmel ab und halten nach den verräterischen Lichtblitzen Ausschau, die den Teilchenschauer kennzeichnen, den ein eintreffendes Teilchen der kosmischen Strahlung auslöst. Bis jetzt wurde der Rekord des Oh-My-God-Teilchens zwar angetastet, aber noch nicht gebrochen – das bisher schnellste Teilchen wurde von Auger am 13. Januar 2007 entdeckt. Es bewegte sich mit 99,999999999999999999998 % der Lichtgeschwindigkeit und hatte eine Energie von 23 J. Aber Auger spielt auf Zeit: Es sammelt erst seit 2004 Daten, und es ist nur eine Frage von mehr Zeit und mehr Daten, bis sich etwas noch Spektakuläreres als das Oh-My-God-Teilchen präsentiert. Augers ultimatives Ziel ist es, nicht nur eines, sondern viele dieser unglaublichen kosmischen Geschosse zu entdecken. Haben wir genug davon gefunden und gesehen, aus welcher Richtung sie kommen, können wir wie ein Ballistik-Experte hoffentlich herausfinden, wo und von wem (oder was) sie abgefeuert werden.

7
Dick und dünn: Extreme der Masse

„Masse“ und „Gewicht“ sind alltägliche Begriffe, die uns so vertraut sind, dass wir sie als Kurzform verwenden, um einen weiten Bereich von Ideen und Gefühlen auszudrücken. Nach einem traurigen Ereignis ist zum Beispiel unser Herz „schwer“. Bei ernsthaften Schwierigkeiten sprechen wir von einem „massiven“ Problem.

Doch trotz der Vertrautheit von Masse und Gewicht brauchten die Wissenschaftler Hunderte von Jahren, um diese Konzepte wirklich zu verstehen, die auch heute noch subtile Aspekte haben, über die wir weiterhin rätseln.

Stellen Sie sich ein Kind und einen Erwachsenen vor, die beide mit überkreuzten Beinen auf einem im Garten aufgestellten Trampolin sitzen. Durch sie hängt das Trampolin nach unten, in Richtung Boden, durch: Das Kind verursacht eine kleine Delle in der Oberfläche des Trampolins, der Erwachsene eine viel größere.

Jetzt transportieren wir das Trampolin auf die Mondoberfläche und stellen es dort im Inneren einer riesigen Luftkuppel auf, sodass unsere Trampolinspringer keine Raumanzüge oder Sauerstoffmasken benötigen. Die Schwerkraft auf dem Mond beträgt etwa ein Sechstel der Schwerkraft auf der Erde, sodass der Erwachsene und das Kind nun nicht annähernd so tief einsinken, wenn sie auf dem Trampolin sitzen. Aber die Ausbeulung, die vom Erwachsenen verursacht wird, ist immer noch größer als die des Kindes. Dieses einfache Bild zeigt uns gleichzeitig beides: die Masse und das Gewicht. Der Erwachsene hat mehr Masse und wird daher immer eine größere Delle in der Trampolinoberfläche verursachen als das Kind. Aber sowohl der Erwachsene als auch das Kind machen auf der Erde größere Dellen als auf dem Mond: Das Gewicht einer Person hängt davon ab, wie sehr die Schwerkraft an ihr zieht. Die Extremsituation ist ein Astronaut auf einer Umlaufbahn, der völlig schwerelos umherschwebt, dessen Masse aber die gleiche wie auf der Erde ist (viel mehr darüber in Kap. 10).

Das Gewicht hängt davon ab, wo man sich befindet: Auf der Sonne oder auf dem Jupiter wiegen Sie viel mehr als auf der Erde, auf dem Mars oder dem Merkur dagegen erheblich weniger. Masse ist andererseits eine Eigenschaft, die zu einem Objekt gehört, ganz gleich, wo es sich befindet. Ihre Masse ist gleich, wo immer Sie sich im Universum aufhalten. Die Masse hat mit den Atomen und Molekülen zu tun, aus denen etwas besteht.

Mit diesem Wissen sind wir nun bereit, uns den enormen Massen zuzuwenden, die wir im gesamten Kosmos finden. Ein Warnhinweis ist aber noch nötig: Die Physiker definieren Gewicht und Masse sorgfältig als zwei klar unterschiedliche Konzepte, die Alltagssprache trägt dem aber wenig Rechnung. Im Folgenden geht es nur um die *Masse* verschiedener Körper im Universum, nicht um ihr *Gewicht.* Trotzdem werde ich, wie wir es alle täglich tun, oft davon sprechen, wie viel ein Objekt „wiegt", und nicht davon, wie viel Masse es hat. Haben wir den Unterschied zwischen

Masse und Gewicht verstanden, sind Massenextreme etwas, was wir uns gut vorstellen können. Ein Elefant wiegt mehrere Millionen Mal mehr als eine Ameise, aber es fällt uns nicht schwer, uns diese beiden Massen sowie den ganzen Bereich dazwischen bildlich vorzustellen. Selbst unter den Menschen gibt es ein großes Spektrum an Massen: Ein gesundes neugeborenes Baby wiegt nur wenige Kilogramm, wogegen die schwersten Sumoringer mehr als eine Viertel Tonne auf die Waage bringen.

Sobald wir jedoch unsere alltägliche Umgebung verlassen und uns in den Kosmos begeben, kommt unsere Vorstellungskraft schnell an ihre Grenzen. Selbst der kleinste bekannte Asteroid, der winzige 2008 TS26, dem wir schon in Kap. 5 begegnet sind, wiegt Hunderte von Kilogramm. Der größte Asteroid in unserem Sonnensystem, Vesta, hat zum Vergleich einen Durchmesser von 500 km und wiegt etwa 260.000 Billionen t.

Aber machen wir weiter. Merkur, der kleinste Planet des Sonnensystems, wiegt 330 Mio. Billionen t. Unser eigener Planet Erde wiegt 6 Mrd. Billionen t. Jupiter wiegt fast 2 Billionen Billionen t, was mehr als die doppelte Masse aller anderen Planeten im Sonnensystem zusammengenommen ist. Und die Sonne schließlich, deren Schwerkraft das ganze Sonnensystem zusammen hält, ist nochmal tausendmal schwerer und hat die atemberaubenden Masse von 2000 Billionen Billionen t.

Gigantische Zahlen wie diese können wir uns unmöglich anschaulich vorstellen, und wir haben noch nicht einmal die Nachbarschaft der Sonne verlassen. Wenn wir uns noch weiter hinaus wagen, werden wir schnell feststellen, dass es im Universum von Schwärmen unerwartet leichtgewichtiger Sterne nur so wimmelt, dass es daneben aber Gebilde gibt, die viel, viel schwerer sind als unsere gigantische Sonne.

Klein aber langlebig

Die Sonne ist unvorstellbar massereich, aber ist sie ein typischer Stern? Oder ist sie merklich schwerer oder leichter als der Durchschnitt?

Bevor wir das beantworten können, müssen wir eine noch grundlegendere Frage stellen: Wie ist es überhaupt möglich, die Masse eines Sterns zu bestimmen? In unserer Alltagswelt können wir etwas wiegen, indem wir es auf eine Waage legen. Aber Sterne sind extrem groß und sehr fern, sodass diese Herangehensweise nicht besonders praktisch ist.

Der große englische Wissenschaftler Sir Isaac Newton gab uns 1687 die Antwort mit seinem „universellen Gravitationsgesetz". Newton erkannte, dass jedes Objekt mit Masse Schwerkraft ausübt und auch erfährt. Und er erkannte, dass die Stärke der Schwerkraft zwischen zwei Objekten von der Masse beider Objekte sowie dem Abstand zwischen ihnen abhängt. Diese einfache aber bemerkenswerte Aussage hat viele Konsequenzen.

Zum Beispiel übt nicht nur die Erde Schwerkraft auf Sie aus und zieht Sie nach unten, sondern Sie üben auch die gleiche Schwerkraft auf die Erde aus und ziehen sie nach oben. Obwohl die beiden Kräfte gleich groß sind, hat die Anziehungskraft der Erde auf Sie eine viel größere Wirkung als Ihre Anziehungskraft auf die Erde, da die Masse der Erde sehr groß ist, wogegen die Ihre vergleichsweise klein ist.

Ein anderes Beispiel: Die Anziehungskraft der Erde ist nicht die einzige Schwerkraft, der wir alle ausgesetzt sind, wir erfahren vielmehr ständig die gravitative Anziehung von allem, was uns umgibt. Das Buch, das Sie jetzt lesen, der Stuhl, auf dem Sie sitzen, das Flugzeug, das über Ihnen fliegt, und die Person, die auf der anderen Straßenseite an Ihnen vorbeiläuft, üben alle auch Schwerkraft auf Sie aus. Sie merken davon jedoch nichts, da die Massen dieser Objekte so klein sind, dass die Erdanziehung alles überlagert.

Und schließlich übt auch jedes Objekt im Universum Schwerkraft auf Sie aus. All die Objekte, die wir in diesem Buch diskutiert haben (ferne Dunkelwolken, riesige elliptische Galaxien und schnell rotierende Neutronensterne) ziehen Sie mit ihrer Schwerkraft an. In diesen Fällen können die beteiligten Massen zwar sehr groß sein, aber dafür sind die Entfernungen riesig – und wieder gewinnt die Schwerkraft der Erde. Hier auf der Erde sind die vollständigen Auswirkungen von Newtons Gravitationsgesetz also normalerweise nicht in Aktion zu sehen. Aufgrund der Schwerkraft fallen Äpfel von Bäumen, hopsen Leute auf Trampolinen auf und ab und bleiben wir schließlich alle recht stabil am Boden fixiert. Aber jenseits der Grenzen der Erde zeigt die Schwerkraft wahrhaft ihren eleganten und universellen Reiz. Viele Sterne treten in Paaren auf, in sogenannten Doppelsternsystemen. Die beiden Sterne eines Doppelsternsystems sind durch Newtons Gravitationsgesetz aneinander gebunden und wirbeln in kreisförmigen oder elliptischen Bahnen Millionen oder Milliarden Jahre umeinander. Newtons Gleichungen verraten uns auch genau, wie die Eigenschaften der Umlaufbahnen der beiden Sterne von ihren Massen abhängen. Wir können mit diesen Gleichungen beispielsweise die Masse beider Sterne genau bestimmen, wenn wir sowohl ihren durchschnittlichen Abstand als auch die Zeit kennen, die sie für einen Umlauf benötigen: Haben die zwei Sterne einen großen Abstand, rotieren aber schnell umeinander, bedeutet das, dass beide besonders massereich sein müssen. Wenn andererseits die Sterne eines Doppelsternsystems nahe beieinander sind, aber langsam umeinander kreisen, müssen sie beide relativ leicht sein. Wenden wir diese Technik an, wird das Wiegen von Sternen relativ simpel. Wir müssen nur ein Doppelsternsystem finden und die beiden Sterne auf ihren Bahnen beobachten. Kennen wir auch die Entfernung dieses Systems von der Erde (was manchmal einfach zu bestimmen ist, manchmal aber auch nur schwer, aber das ist eine andere Geschichte), haben wir die Umlaufzeit und den Abstand der beiden Sterne und somit ihre Massen.

Leider gibt es dabei Komplikationen. Liegen die Sterne weit genug auseinander, sodass wir ihren Abstand problemlos messen können, heißt das meistens auch, dass ihre Umlaufzeit sehr groß ist. Ein Doppelsternsystem mit einer Umlaufzeit von einer Million Jahren ist für eine Untersuchung nicht gut geeignet! Dauert andererseits ein Umlauf nur kurze Zeit, sodass wir ihn innerhalb einer vernünftigen Zeit verfolgen können, liegen die Sterne vielleicht zu nahe beieinander, um ihren Abstand messen zu können oder um überhaupt feststellen zu können, dass es sich um einen Doppelstern und nicht um einen einzelnen Stern handelt.

Die Astronomen nutzen daher eine Reihe von Tricks, um Doppelsternsysteme zu untersuchen und die Massen der beiden Sterne zu berechnen. Auch wenn die Sterne zu nahe beisammen sind, um sie in einem leistungsstarken Teleskop trennen zu können, kann man den in Kap. 6 diskutierten Doppler-Effekt nutzen, um winzige Verschiebungen der Frequenz des Lichts der beiden Sterne zum Blauen und zum Roten zu messen, während sie sich auf ihrer Umlaufbahn abwechselnd auf uns zu und von uns weg bewegen. Die verräterische Farbveränderung kann uns viele der Informationen liefern, die wir zur Berechnung der Umlaufeigenschaften und damit der Massen der Sterne benötigen.

In anderen Fällen ist die Umlaufbahn so geneigt, dass wir auf ihren Rand blicken. Dann könnte es sein, dass bei jedem Umlauf ein Stern vor dem anderen vorbei läuft und für eine Verfinsterung sorgt. Das ist ein Verfahren, das wir uns auch bei der Transitmethode zur Suche von Exoplaneten zunutze machen, wie sie in Kap. 6 beschrieben wurde. Eine weitere Möglichkeit ist, dass einer der Sterne hell leuchtet, während der andere zu schwach ist, als dass man ihn sehen könnte. Wir sehen dann nur die Hin- und Herbewegung des hellen Sterns während seines Umlaufs um den unsichtbaren Begleiter.

Aber welche Herangehensweise man auch wählt: Doppelsternsysteme sind der Dreh- und Angelpunkt aller Messungen von Sternmassen. Für einen Stern, der nicht Teil eines Doppelsternsystems ist, gibt es oft keine Methode, seine Masse zu messen. Stattdessen nimmt man Details der Farbe, Temperatur und Helligkeit des Sterns her und versucht, ihn mit einem anderen Stern mit ähnlichen Eigenschaften zu vergleichen, der Teil eines Doppelsternsystems ist und dessen Masse man kennt.

Nun stelle ich noch einmal meine ursprüngliche Frage: Ist die Sonne im Vergleich zum Durchschnitt der Sterne übermäßig schwer, armselig mickrig oder ziemlich durchschnittlich?

Stellen Sie sich vor, Sie sind in der Schule und haben eine Prüfung. Sie sind von Hunderten anderen Schülern umgeben, die alle wie wild ihre Antworten schreiben, bevor die Zeit abläuft. Sie blicken von Ihrem Papier hoch und stellen fest, dass jeder der Schüler im Raum Linkshänder ist.

Das wäre eine ganz ungewöhnliche und unerwartete Beobachtung, da wir alle wissen, dass die überwältigende Mehrheit der Menschen Rechtshänder sind. Aber genau das ist das seltsame Szenario, dem wir immer wieder bei der Beobachtung der Sterne begegnen.

Leben Sie in einer Großstadt, wo der Nachthimmel nie besonders dunkel wird, können Sie vielleicht nur ein paar hundert Sterne mit bloßem Auge sehen. Fast jeder dieser Sterne hat eine größere Masse als die Sonne, und Sie könnten daraus schließen, dass die Sonne einer der kleinsten Sterne in der Milchstraße ist. Aber so wie der Raum voller Linkshänder liefert auch ein solcher Blick auf den Nachthimmel ein verzerrtes und nicht repräsentatives Bild der typischen Situation. Die Sterne, die Sie sehen können, sind alle ziemlich schwer, aber sie drängen sich auch nach vorn, weil sie aufgrund ihrer extremen Helligkeit Aufmerksamkeit auf sich ziehen.

Die Wahrheit ist etwas überraschend: Die Sonne ist das galaktische Äquivalent eines Sumoringers und hat eine Masse, die weit über dem typischen Wert ihrer Artgenossen liegt. Aber um auch nur die Spitze des Eisbergs „normaler“ Sterne zu erkennen, muss man genau hinsehen.

Wenn Sie gute Augen haben, können Sie in einer klaren, mondlosen Nacht im Sternbild Schwan vielleicht gerade noch einen blassen orangenen Stern namens „61 Cygni“ ausmachen. 61 Cygni ist eigentlich kein Stern, es handelt sich vielmehr um ein Doppelsternsystem, dessen beide Partner sich in knapp 700 Jahren in einem durchschnittlichen Abstand von 13 Mrd. km einmal umkreisen. Mit Hilfe dieser Information können Astronomen die Massen beider Sterne berechnen: Der schwerere der beiden, „61 Cygni A“, hat 70 % der Sonnenmasse, der etwas kleinere Begleiter, „61 Cygni B“, 63 %. 61 Cygni ist deshalb bemerkenswert, da die beiden Sterne die leichtesten mit bloßem Auge sichtbaren Sterne sind. Aber selbst die Sterne in 61 Cygni sind im Vergleich zur Norm etwas korpulent. Die überwältigende Mehrheit der Sterne, etwa 85 % aller Sterne in der Milchstraße, sind langlebige Rote Zwerge, die wir in Kap. 4 diskutiert hatten. Diese Sterne, die nur 10–40 % der Sonnenmasse haben, lauern in allen Ecken der Galaxie, entgehen jedoch aufgrund ihrer blassen und schwachen Erscheinung gewöhnlich unserer Wahrnehmung.

So matt und unscheinbar Rote Zwerge auch sein mögen, sind sie doch durchaus vollwertige Mitglieder der Sternengemeinschaft. Genau wie in der Sonne finden im Inneren eines Roten Zwergs nukleare Fusionsreaktionen statt, die stetig Wasserstoff in Helium verwandeln und Wärme und Licht als Nebenprodukt abgeben. Das Besondere an diesem Vorgang ist die Temperatur im Sterninneren. Im Zentrum der Sonne erreicht die Temperatur etwa 15.000.000 °C (siehe Kap. 2). Für einen Roten Zwerg jedoch bedeutet die geringere Masse einen reduzierten Druck im Kern, sodass die Zentraltemperatur eines Roten Zwergs weniger als die

Hälfte der Temperatur in der Sonne beträgt. Die Geschwindigkeit, mit der die Fusion im Inneren eines Sterns abläuft, ist äußerst empfindlich gegenüber der Temperatur, sodass Rote Zwerge ihren Brennstoff sehr langsam verbrennen, weshalb sie kalt, rot und blass sind. Selbst die energiereichsten Roten Zwerge erzeugen nur etwa ein Zehntel der Energie der Sonne. Wie man erwarten würde, sind die leichtesten Roten Zwerge die lichtschwächsten, da ihre internen Kernreaktionen aufgrund ihrer niedrigen Temperatur im Zentrum im Schneckentempo ablaufen. Das gilt jedoch nicht für allzu geringe Massen, denn bei einer Temperatur im Inneren unterhalb etwa 5.000.000 °C können überhaupt keine Kernfusionen mehr ablaufen. Die Definition eines normalen Sterns besagt aber, dass in seinem Inneren Kernreaktionen stattfinden, also gibt es eine feste Grenze, wie kalt (und somit wie leicht) ein Objekt sein kann, um noch als Stern zu gelten. Es gibt natürlich Objekte mit geringerer Masse: Diese kalten Gaskugeln werden als „Braune Zwerge" bezeichnet. Die Braune Zwerge leuchten aber im Allgemeinen nicht und verbrennen keinen Brennstoff, wie es Sterne tun.

Angesichts dieser Situation können wir nun die Frage stellen, welche Masse der leichteste aller möglichen Sterne hat. Die Astronomen haben erhebliche Anstrengungen unternommen, um diesen Wert zu berechnen. Der genaue Wert wird immer noch diskutiert, er hängt auch von der genauen Zusammensetzung des Sterns ab (zum Beispiel, ob er fast reinen Wasserstoff enthält oder Verunreinigungen und andere Gase). Es herrscht jedoch weitgehend Einigkeit darüber, dass der leichtest-mögliche Stern etwa 140 Billionen Billionen t wiegt. Das ist etwa 23.000 Mal die Masse des Planeten Erde und ist nach unseren Maßstäben immer noch wahnsinnig viel. Andererseits ist es aber nur 7 % der Masse der Sonne, damit sind nach astronomischen Maßstäben die Braunen Zwerge in der Tat extrem leicht.

Mit dieser Schwelle von 7 % im Sinn können wir nun den Nachthimmel nach Sternen mit einer so geringen Masse durchforsten. Die Suche ist nicht nur schwierig, weil solche Sterne schwach und gut verborgen sind, sondern auch, weil aus einer Entfernung von vielen Lichtjahren nur schwer festgestellt werden kann, ob es sich bei einem solchen Objekt um einen Roten Zwerg gerade oberhalb der Schwelle zum Stern handelt, oder um einen Braunen Zwerg gerade darunter.

Daher kann man nur schwer mit Sicherheit sagen, welches der leichteste bekannte Stern ist, da man auf jede solche Behauptung mit dem Argument antworten könnte, dass dieses Objekt „nur" der schwerste bekannte Braune Zwerg ist. Ein wahrscheinlicher Kandidat für den leichtesten bis jetzt entdeckten Stern ist, wenn auch mit diesem Vorbehalt, ein Objekt namens „GJ 1245C", das sich in einer Entfernung von 14,8 Lichtjahren im Sternbild Schwan befindet. GJ 1245C wurde 1984 entdeckt und ist Teil eines Doppelsternsystems mit einer Umlaufdauer von 15 Jahren und einem durchschnittlichen Abstand von 540 Mio. km. Die neueste sorgfältige Messung seiner Masse, die der amerikanische Astronom Todd Henry mit Hilfe des Hubble-Weltraumteleskops durchführte, ergab, dass GJ 1245C eine Masse von nur 7,4 % der Sonne hat, was knapp oberhalb der erwarteten Untergrenze für einen Stern ist. Wir haben noch keine absolute Bestätigung dafür, dass GJ 1245C ein

Roter Zwerg ist, aber nach allen zurzeit verfügbaren Informationen passt er genau ins Schema.

GJ 1245C ist ganz besonders unscheinbar. Er leuchtet etwa 10.000 Mal zu schwach, um mit bloßem Auge sichtbar zu sein und ist auch mit einem bescheidenen Teleskop kaum zu sehen. Würden wir GJ 1245C ins Zentrum unseres Sonnensystems setzen, wäre er von der Erde aus gesehen kaum heller als der Vollmond, und aufgrund der schwachen Strahlung würde die durchschnittliche Oberflächentemperatur auf der Erde auf frostige –240 °C fallen. Objekte wie GJ 1245C sind vielleicht mickrig und kümmerlich, aber wer zuletzt lacht, lacht am besten: Diese dürren, blassen Roten Zwerge sind schwereren Sternen wie der Sonne zahlenmäßig um einen Faktor 10:1 überlegen. Und GJ 1245C ist so knauserig beim Verbrauch seines Brennstoffs, dass er eine Billion Jahre scheinen wird, also um einen riesigen Faktor länger als die Sonne. Die Sanftmütigen werden nicht nur die Erde erben, sondern auch den Rest des Kosmos.

Die größten Sterne

Die meisten Sterne am Himmel sind also kleine und unscheinbare Rote Zwerge, aber wir haben bereits in Kap. 5 gesehen, dass es die seltenen, großen Sterne sind, die unsere Aufmerksamkeit auf sich ziehen. Wie ich oben erwähnt habe, sind fast alle hellen, mit bloßem Auge sichtbaren Sterne am Himmel schwerer als die Sonne. Der hellste Stern am Himmel, Sirius, hat zum Beispiel fast genau die doppelte Masse der Sonne, während der zweithellste Stern, Canopus im Sternbild Kiel des Schiffes, mehr als das Achtfache der

Sonne wiegt. Aber selbst diese großen Himmelsmonster sind nach galaktischem Maßstab nicht weiter bemerkenswert.

Beginnen wir mit dem vermutlich schwersten Stern den wir ohne Hilfsmittel sehen können. Dieser Titel geht an Alnilam, den Stern in der Mitte des Oriongürtels. Alnilam ist kein Doppelsternsystem, aber durch Vergleich mit anderen Sternen, für deren Massen genaue Messungen vorliegen, können wir seine Masse auf sensationelle 80.000 Billionen Billion t schätzen, etwa 40 Mal mehr als die Sonne. Alnilam ist auch Hunderttausende Mal lichtstärker als die Sonne, aber 1.300 Lichtjahre entfernt. Das ist viel weiter weg als fast alle anderen mit bloßem Auge sichtbaren Sterne (Sirius ist 8,6 Lichtjahre entfernt, Canopus etwa 300 Lichtjahre), sodass wir, anstatt von seiner Helligkeit überwältigt zu sein, Alnilam nur als dreißigsthellsten Stern am Himmel sehen. Dieser Extremfall stellaren Übergewichts ist ungewöhnlich, aber damit ist noch lange nicht die Grenze erreicht. Da massereichere Sterne auch heißer und heller sind, würde man erwarten, dass die schwersten Sterne in der Galaxie von umwerfender Helligkeit und leicht zu entdecken sind. Die Superschwergewichte der Sternengemeinschaft zu finden ist jedoch äußerst schwierig, denn diese Sterne sind nicht nur sehr selten, sondern normalerweise auch gut versteckt.

Die schwersten Sterne verschlingen ihren Brennstoff extrem schnell und sind daher äußerst kurzlebig: Sie sterben bereits ein paar Millionen Jahre nach ihrer Geburt. Das bedeutet, dass sie während ihres Lebens keine Zeit haben, durch die Galaxie zu schweifen, und deshalb unweigerlich sehr nahe an ihrem Geburtsort zu finden sind. Diese stellaren Kinderkrippen sind aber komplizierte, chaotische

Orte, die mit vielen jungen, hellen Sternen, leuchtendem Gas und Dunkelwolken (siehe Kap. 3) vollgestopft sind. Wenn wir nach den schwersten Sternen jagen, dann sind solche Ansammlungen der naheliegendste Ort, um danach zu suchen. Doch in dem ganzen Durcheinander, das uns den Blick verdeckt, ist es nicht leicht, die massereichsten Sterne zu finden. Zunächst müssen wir einen der Hunderte von Sternen in der Region herauspicken, von dem wir glauben, er könnte der schwerste sein, und dann müssen wir trotz all der anderen Sterne und der Gaswolken, die uns im Weg sind, seine Masse präzise messen. Ultraschwere Sterne zu finden ist deshalb ein mühsamer Prozess, der besondere Anstrengungen erfordert.

Um die Suche nach dem massereichsten Stern in der Milchstraße etwas einzugrenzen, muss ich Sie mit einer äußerst seltenen Klasse von Objekten, die als „Wolf-Rayet-Sterne" bezeichnet werden, bekannt machen. Nach den französischen Astronomen Charles Wolf und Georges Rayet benannt (die diese bemerkenswerten Sterne 1867 entdeckten), sind Wolf-Rayet-Sterne sehr heiß, sehr lichtstark und sehr schwer. Ihre extremen Temperaturen lassen sie langsam verdampfen, sodass ihre äußeren Schichten in rasantem Tempo in den Weltraum strömen. Bei einem typischen Wolf-Rayet-Stern hat dieser „Sternenwind" Geschwindigkeiten von deutlich über 10 Mio. km/h, wodurch in jeder Sekunde mehr als 600 Billionen t Materie von dem Stern weggetragen werden.

Dieser wilde und energiereiche Temperamentsausbruch ist jedoch nur von kurzer Dauer. Aufgrund seiner hohen Temperatur verbrennt ein Wolf-Rayet-Stern seinen Brennstoff äußerst schnell und bläst gleichzeitig einen wesentlichen Anteil seiner Masse über den Sternenwind ins All. Nach weniger als einer Million Jahren (ein Wimpernschlag im Vergleich zu der Lebensspanne der Sonne von 10 Mrd. Jahren) verbraucht ein Wolf-Rayet-Stern seinen gesamten Brennstoffvorrat, bricht unter seiner eigenen Schwerkraft zusammen und stirbt dann in einer tragischen Supernova-Explosion. Sowohl wegen ihrer ungewöhnlichen Eigenschaften als auch ihrer kurzen Lebenszeit sind Wolf-Rayet-Sterne eine Rarität. Nur etwa 300 von ihnen sind bis jetzt in der Milchstraße identifiziert worden, die Gesamtzahl der noch zu entdeckenden wird auf 6000–8000 geschätzt.

Nach diesen einleitenden Anmerkungen wird es keine Überraschung sein, dass fast alle Bewerber für den schwersten Stern der Milchstraße Wolf-Rayet-Sterne sind. Um dem aktuellen Rekordhalter auf die Spur zu kommen, müssen wir unsere Aufmerksamkeit „NGC 3603“ zuwenden, einer schönen, leuchtenden Mixtur aus Gas, Staub und neugeborenen Sternen im Sternbild Kiel des Schiffs. Tief im Inneren von NGC 3603, verborgen inmitten des hellen Lichts Dutzender anderer heller Sterne, befindet sich ein außergewöhnliches System mit dem eher simplen Namen „A1“. Durch akribische Messungen haben Astronomen herausgefunden, dass A1 in Wirklichkeit aus zwei Wolf-Rayet-Sternen besteht, die sich in einem Abstand von 40 Mio. km alle 90,5 h einmal umlaufen. Da A1 ein Doppelsternsystem ist, können wir Newtons Bewegungsgesetz anwenden, genau wie zuvor im Fall des winzigen GJ 1245C. Der Astronom Olivier Schnurr und seine Kollegen taten 2008 genau das und kamen zu einem sensationellen Ergebnis: Der kleinere der beiden Sterne schlägt die Masse der Sonne um einen Faktor

89 und wäre nach allen Maßstäben ein gewaltiges Objekt. Er wird jedoch von dem schwereren Stern in A1 völlig in den Schatten gestellt, der spektakuläre 116 Mal schwerer als die Sonne ist und eine Masse von etwa 230.000 Billionen Billionen (230.000.000.000.000.000.000.000.000.000) t hat!

In der Zeit, als dieses Buch entstand, war dieser Gigant der schwerste bekannte Stern in der Milchstraße, von dem genaue und zuverlässige Massenberechnungen vorlagen. Aber der Rekord wird wahrscheinlich nicht lange halten. Es besteht der starke Verdacht, dass andere Sterne, die noch „gewogen" werden müssen, schwerer sind. Man muss auch bedenken, dass wegen des rapiden Masseverlusts, den Wolf-Rayet-Sterne erfahren, die Masse bei der Geburt viel höher war als sie heute bei unserer Messung ist. Ein Beispiel ist der Stern namens „WR 102ka", der auch „Pfingstrosennebelstern" genannt wird, in etwa 26.000 Lichtjahren Entfernung in Richtung des Sternbilds Schütze. WR 102ka ist ein weiterer riesiger Wolf-Rayet-Stern, aber er ist so tief im Staub und Gas seiner Umgebung vergraben, dass wir bis jetzt seine Masse, die bei etwa 100 Sonnenmassen zu liegen scheint, nur grob schätzen können. Aufgrund seiner momentanen Temperatur und Helligkeit haben Astronomen jedoch berechnet, dass WR 102ka bei seiner Geburt etwa 150 Mal schwerer als die Sonne war. Ohne sein selbst auferlegtes drastisches Programm zur Gewichtsabnahme stünde er vielleicht unangefochten an der Spitze als schwerster Stern der Milchstraße.

Gibt es eine Grenze, wie schwer ein Stern jemals werden kann? In unserer Galaxie ist es wahrscheinlich nicht einfach, einen Stern herzustellen, der mehr als 150–200 Sonnenmassen wiegt. Alle schwereren Objekte würden vermutlich von den starken Sternenwinden und durch andere verwandte Effekte auseinander gerissen werden, bevor ihre Entstehung abgeschlossen ist und sie zu strahlen anfangen.

Gehen wir sehr weit in die Vergangenheit des Universums zurück, war aber vielleicht die Situation völlig anders. Der Prozess, bei dem ein Stern entsteht und sich entwickelt, hängt auf komplizierte Weise von der Umwelt ab, in die er geboren wird. Wie wir in Kap. 4 diskutiert haben, verfügen Sterne, die heute entstehen, über eine erhebliche „Metallizität". Das heißt, sie haben signifikante Mengen von Elementen, die schwerer als Wasserstoff und Helium sind. Diese Verunreinigungen regulieren den Prozess, durch den ein Stern bei dem Kollaps einer Wolke aus kaltem Gas entsteht, seinen Treibstoff verbrennt und möglicherweise seine Masse durch starken Sternenwind verliert.

In Kap. 4 haben wir die bis jetzt noch unentdeckte Kategorie von Population III-Sternen betrachtet, zu der die allerersten Sterne im Universum gehören, die sich vor vielen Milliarden von Jahren gebildet haben. Man erwartet, dass sich die Eigenschaften von Population III Sternen sehr von denen der Sterne unterscheiden, die wir heute sehen, da sie praktisch null Metallizität hatten. Insbesondere haben Astronomen berechnet, dass Population III-Sterne äußerst massereich gewesen sein könnten und dabei mit bis zu 300–500 Sonnenmassen jeden Stern in der Milchstraße übertreffen würden. Auch wenn solch titanische Ungeheuer schon längst ihren Brennstoff aufgebraucht hätten, werden neue Instrumente wie das James Webb Space Telescope der NASA, die in der Lage sind, weit hinaus in den Weltraum und lange zurück in der Zeit zu schauen, Jagd auf diese fernen, massereichen Objekten machen können. Eine Sache ist klar: Hat einer dieser Schwergewichtschampions unter den Population III-Sternen vor langer Zeit einen Rekord aufgestellt, wird er lange Zeit Bestand haben.

Der Mittelpunkt des Geschehens

Wir haben uns mit der riesigen Vielfalt befasst, die uns die Sterne der Milchstraße bieten – vom Federgewicht des Roten Zwergs GJ 1245C bis zum supermassereichen Wolf-Rayet-Stern A1. Aber außer Sternen gibt es in unserer Galaxie noch andere Objekte, und viele von ihnen sind bei Weitem schwerer. Die Milchstraße ist zum Beispiel mit den Dunkelwolken übersät, die wir in Kap. 3 diskutiert haben. Diese riesigen Wolken aus Staub und Gas sind viel massereicher als jeder einzelne Stern. Die größten von ihnen wiegen mehr als 100.000 Mal so viel wie die Sonne.

Aber die Debatte über das schwerste Objekt in der Milchstraße lässt sich leicht entscheiden. Der Titel geht ohne jede Frage an Sagittarius A*, das riesige Schwarze Loch im Kern unserer Galaxie, auf das wir in Kap. 6 getroffen sind. Die Technik, mit der die Astronomen die Masse von Sternen feststellen, indem sie die Umlaufbahnen in Doppelsternsystemen messen, funktioniert für Sagittarius A* nicht, da sich dieses Objekt im absoluten Mittelpunkt der Milchstraße befindet und es keine Umlaufbewegungen gibt. Da aber fast alles in der Milchstraße Sagittarius A* umläuft, können wir eine verwandte Methode anwenden, um seine Masse zu schätzen. So ist es Astronomen gelungen, Dutzende von Sternen tief im Inneren der Milchstraße zu identifizieren, die Sagittarius A* auf sehr engen, schnellen Bahnen umkreisen. Der Stern, der Sagittarius A* am nächsten ist, braucht nur 11,5 Jahre für einen Umlauf, also sehr wenig, verglichen mit den 200 Mio. Jahren, die die Sonne dafür braucht. Diese Hochgeschwindigkeitssterne, die den Nervenkitzel suchen, sind wahrscheinlich die Vorfahren der Hyperschnellläufer, die wir in Kap. 6 diskutiert haben.

Genaue Beobachtungen der Umlaufbahnen dieser superschnellen Sterne haben den Astronomen überraschend akkurate Bestimmungen der Masse von Sagittarius A* erlaubt. Und mit welchem Ergebnis? Sagittarius A* übertrumpft bei Weitem die Masse jedes Sterns und bringt 4,1 Mio. Sonnen auf die Waage oder mehr als 8 Mrd. Billionen Billionen t.

Nach kosmischen Maßstäben ist aber selbst Sagittarius A* noch ein vergleichsweise mickriges Objekt. Beobachtungen des Nachthimmels haben ergeben, dass auch die meisten anderen großen Galaxien supermassereiche Schwarze Löcher in ihren Zentren zu beherbergen scheinen. In den meisten Fällen ist es nicht möglich, die Masse dieser anderen Schwarzen Löcher annähernd so genau wie die von Sagittarius A* zu bestimmen, da unsere Teleskope keine ausreichend scharfen Augen haben, um die Umlaufbahnen einzelner Sterne um das zentrale Schwarze Loch zu erkennen, wie es im Fall der Milchstraße möglich ist. Wir müssen also auf indirektere Methoden zurückgreifen. Die Aktivitäten und die Strahlung in der unmittelbaren Umgebung eines supermassereichen Schwarzen Lochs scheinen zum Beispiel in grobem Zusammenhang zu seiner Masse zu stehen. Wenn wir also messen können, wie intensiv das Licht in der nächsten Umgebung eines zentralen Schwarzen Lochs ist, können wir abschätzen, wie schwer das Schwarze Loch wahrscheinlich ist.

Wir können zwar auf diese Weise keine genauen Messungen durchführen, dafür werden nun aber Zehntausende Galaxien für unsere Untersuchungen zugänglich. Das Resultat dieser Untersuchungen ist, dass Sagittarius A* ein absoluter Winzling ist. Supermassereiche Schwarze Löcher mit mehr als der hundertfachen Masse von Sagittarius A* sind nicht ungewöhnlich: Es gibt Myriaden von Galaxien am Himmel, deren zentrale Schwarzen Löcher Massen aufweisen, die eine Milliarde Sonnenmassen locker übertreffen.

Weil die Massenbestimmungen dieser fernen Objekte so ungenau sind, kann man nur schwer definitiv sagen, welches das schwerste ist. Es gibt aber einen aussichtsreichen Kandidaten für den Titel des schwersten Schwarzen Lochs im Universum: ein Objekt namens „S5 0014 + 813", welches sich in 12 Mrd. Lichtjahren Entfernung im Sternbild Kepheus befindet. Seine Masse ist nach Berechnung eines Teams unter Führung des italienischen Astronomen Gabriele Ghisellini 40 Mrd. Mal so groß wie die der Sonne! Dieser außergewöhnliche Befund wartet noch auf seine Bestätigung und Präzisierung, denn S5 0014 + 813 ist, wie Ghisellini selbst eingesteht, ein kompliziertes Objekt, und die Rechnungen sind bei Weitem noch nicht endgültig. Nichtsdestotrotz besteht kein Zweifel, dass mit Massen, die 10 Billionen Billionen Billionen t bequem übertreffen, supermassereiche Schwarze Löcher die schwersten Einzelobjekte im Universum sind.

Wir Astronomen sind natürlich nicht damit zufrieden, die bloße Existenz dieser bemerkenswerten Objekte zu bestätigen. Wir möchten auch wissen, weshalb sie so außerordentlich massereich sind. Das charakteristische Merkmal eines Schwarzen Lochs ist seine Schwerkraft, die so stark ist, dass Materie, die einmal hineinfällt, nie wieder entkommen kann. Während also Wolf-Rayet-Sterne mit einer großen Masse beginnen, aber für immer dazu verdammt sind, im Verlauf des Alterns Masse zu verlieren, gilt für Schwarze Löcher das genaue Gegenteil. Ein supermassereiches Schwarzes Loch kann immer nur Gewicht zulegen und wird immer beleibter. Es bekommt den Hals nicht voll und verschlingt ständig neue Sternen und Gasmassen.

Diese einfache Tatsache erlaubt uns nun aber, einige belastbare Vorhersagen zu treffen. Wenn wir irgendwie in die Zukunft schauen könnten, sollten die supermassereichen Schwarze Löcher noch massereicher erscheinen als heute. Wenn wir in die Vergangenheit zurückschauen könnten, wären sie dagegen im Allgemeinen leichter als gegenwärtig. Während wir aber keinen Blick in die Zukunft werfen können, ist es kein Problem, zurück zu schauen: Wir müssen einfach nur sehr ferne Objekte untersuchen, deren Licht Milliarden von Jahren gebraucht hat, um uns zu erreichen.

Wenn wir aber unsere Teleskope auf die fernsten Galaxien richten und die Massen supermassereicher Schwarzer Löcher aus der Frühzeit der Geschichte des Kosmos messen, erhalten wir überraschende Ergebnisse. Die fernsten und damit frühesten Schwarzen Löcher, die wir zurzeit identifizieren können, entsprechen einer Zeit, in der das Universum weniger als 10 % seines jetzigen Alters hatte. Die supermassereichen Schwarzen Löcher in unserer Nachbarschaft hatten im Vergleich zu diesen uralten Exemplaren zusätzliche 12 Mrd. Jahre Zeit, sich an ihrer Umgebung vollzufressen, sodass es einen ganz klaren Masseunterschied geben sollte. Wir finden aber ständig, dass supermassereiche Schwarze Löcher vor all diesen Jahrmilliarden Jahren sehr ähnliche Massen hatten wie die, die wir heute sehen.

Die Debatte der Astronomen, was das bedeutet, ist in vollem Gange, aber die logische Schlussfolgerung scheint zu sein, dass supermassereiche Schwarze Löcher über weite Strecken der Geschichte des Universums nur leichte Happen zu sich nahmen, sodass sie in dieser Zeit nicht nennenswert zugenommen haben. Umgekehrt bedeuten diese Ergebnisse aber auch, dass es zu sehr frühen Zeiten in der Geschichte des Universums, in die unsere Teleskope noch nicht zurückreichen, wahnsinnige Festgelage gegeben haben muss. Wir hoffen, dass wir in naher Zukunft in der Lage sein werden, die Zeit noch weiter zurückzudrehen bis zu einer fieberhaften Phase in der Entwicklung des Kosmos, als Schwarze Löcher rapide an Masse zunahmen, indem sie alles in ihrer Umgebung aufsogen. Dass sie in so kurzer Zeit ein Gewicht von Milliarden von Sonnen erreichen konnten, macht es wahrscheinlich, dass die Schwarze Löcher nicht nur Sterne und Gas schluckten, sondern sich sogar gegenseitig auffraßen. Dieser wahnsinnige kosmische Kannibalismus ist nun weitgehend vorbei, aber die Belege für ihn sind dem Universum in Form der gigantischen Massen der Schwarzen Löcher im Herzen fast jeder Galaxie am Himmel für immer aufgeprägt.

Eine Horde Galaxien

Supermassereiche Schwarze Löcher sind atemberaubend schwer. Aber selbst die größten Schwarzen Löcher sind nur kleine Bestandteile der Galaxien, in denen sie zu Hause sind. S5 0014 + 813, vielleicht das größte aller Schwarzen Löcher, mag 40 Mrd. Mal mehr als die Sonne wiegen, aber unsere eigene Milchstraße ist mit einer Masse von mehr als einer Billion Sonnenmassen weit schwerer. Weniger als 10 % dieser Masse besteht aus gewöhnlicher Materie wie Sternen, Gas und Planeten, während alles andere aus einer mysteriösen Substanz besteht, die „Dunkle Materie" genannt wird, für die wir, traurig aber wahr, noch keine wirkliche Erklärung haben. Und wie wir in Kap. 5 gesehen haben, gibt es Galaxien, die weit größer sind als unsere Milchstraße: Die riesige Galaxie IC 1101 wiegt mehr als 100 Milchstraßen!

Und doch ist unsere Tour zu immer größeren Objekten noch nicht zu Ende. Die größten durch die Schwerkraft gebundenen Systeme im Universum sind „Galaxienhaufen" (oder „Cluster"): Ansammlungen von Hunderten von Galaxien, die sich über Millionen von Lichtjahren verteilt in verworrenen und komplizierten Umlaufbahnen umeinander bewegen. Bevor wir uns mit der gigantischen Masse eines Galaxienhaufens befassen, ist die Bemerkung angebracht, dass es, was die Ausdehnung betrifft, natürlich noch größere Dinge gibt als Galaxienhaufen. Wie wir in Kap. 5 gesehen haben, erstreckt sich LQG U1.27 über 4 Mrd. Lichtjahre und ist damit weit größer als alle Galaxienhaufen. Die Galaxien, aus denen LQG U1.27 besteht, sind jedoch nicht durch die Gravitation aneinander gebunden, sondern driften langsam auseinander, wobei jede Galaxie ihre eigene Richtung hat. Um von der Masse eines Objekts sprechen zu können, müssen alle Komponenten dieses Objekts Teile eines größeren Ganzen sein und nahe genug beisammen liegen, um durch die gegenseitige

Schwerkraft als Gruppe zusammengehalten zu werden. Ist die Ausdehnung eines Objekts größer als die von Galaxienhaufen, ist die gravitative Anziehung zu schwach und die Geschwindigkeiten der einzelnen Teile des Objekts sind zu hoch, um das Ganze zusammen zu halten. Betrachten wir den nächstgelegenen Galaxienhaufen, den Virgo-Haufen. Er liegt im Sternbild Jungfrau, ist nur 60 Mio. Lichtjahre entfernt und umspannt mehr als 15 Mal den Durchmesser des Vollmonds am Himmel. Der Virgo-Haufen enthält deutlich mehr als 1000 verschiedene Galaxien und dazu riesige Mengen dunkler Materie und heißen intergalaktischen Gases. Die Masse des Virgo-Haufens exakt zu schätzen ist schwierig. Wie können wir etwas sinnvoll wiegen, das Tausende unterschiedliche Komponenten hat, die in ein Bad von dunkler Materie eingebettet sind, die wir noch nicht einmal sehen können? Wir ziehen wieder Newtons Bewegungsgesetze zu Rate, mit deren Hilfe wir zeigen können, dass selbst in einem komplizierten, chaotischen System wie einem Galaxienhaufen die Geschwindigkeit, mit der die verschiedenen Galaxien sich umeinander bewegen und wirbeln, in Verbindung zur Gesamtmasse steht. Wenn wir einen Zugang zu den typischen Geschwindigkeiten der Galaxien innerhalb eines Haufens haben, können wir anfangen, die Massen abzuschätzen. Mit dieser Technik finden wir, dass die gesamte Masse aller Galaxien, des Gases und der dunkler Materie im Virgo-Haufen mehr als die von 1.000 Billionen Sonnen beträgt.

Aber Galaxienhaufen können noch viel größer werden. Wie sich supermassereiche Schwarze Löcher gegenseitig schlucken können und dabei zu noch größeren Schwarzen Löchern werden, können auch ganze Galaxienhaufen kollidieren und sich vereinigen, was gigantische Agglomerationen zur Folge hat. Der schwerste bekannte Galaxienhaufen, und somit vielleicht das System mit dem Titel des schwersten Objekts im Universum, ist ein Haufen namens „Abell 2163", der mehr als 2 Mrd. Lichtjahre entfernt im Sternbild Schlangenträger liegt. Abell 2163 besteht aus mehr als 500 Galaxien, die über 15 Mio. Lichtjahre verteilt sind und alle in ein Gas eingebettet sind, das auf eine Temperatur von etwa 150.000.000 °C erhitzt ist. Seine Gesamtmasse beträgt nach Messungen eines Teams unter Leitung der französischen Astronomin Sophie Maurogordato etwa 8.000.000.000.000.000.000.000.000.000.000.000.000.000.000.000 t oder 4.000 Billionen Sonnenmassen!

Nach all dem fühlen Sie sich vielleicht etwas unbedeutend. Aber es könnte ein Trost sein, dass selbst Abell 2163 trotz seiner ungeheuren Masse nur ein Hundertmillionstel der Gesamtmasse des beobachtbaren Universums ausmacht. Selbst die massereichsten Objekte, die existieren, sind nicht mehr als ein Tropfen im Ozean.

8

Sphärenklänge: Extreme des Schalls

Unser Leben ist niemals ruhig.

Ich tippe diese Worte in einem scheinbar stillen Raum, aber wenn ich kurz innehalte, um zu lauschen, kann ich das Ticken einer Uhr hören, den Verkehrslärm einer nahegelegenen Straße, das Brummen einer Klimaanlage nebenan und Fetzen von Unterhaltungen von Passanten.

Im Lauf eines normalen Tages spreche ich mit Freunden und der Familie, höre Musik und nörgle über ein Flugzeug, das zu tief über mein Haus fliegt: Schall ist in unserem Leben allgegenwärtig und von essenzieller Bedeutung.

All diese Geräusche sind in Wirklichkeit winzige Luftdruckschwankungen, die sich von ihrer Quelle mit Schallgeschwindigkeit fortbewegen, also mit ungefähr 340 m/s.

Um die Druckwellen des Schalls hören zu können, haben wir mikroskopische, haar-ähnliche Strukturen in unseren Ohren. Wenn die Druckschwankungen unseren Gehörgang durchlaufen, kippen sie die Härchen nach vorne und zurück. Dieses Kippen erzeugt elektrische Signale, die in unser Gehirn geleitet und dort als Schall interpretiert werden. Dieses unglaubliche System ist so genau justiert, dass wir selbst den Ton wahrnehmen können, der Änderungen des Luftdrucks um ein Zehnmilliardstel entspricht.

Wenn man bedenkt, wie sehr unsere Welt mit Schall erfüllt ist, könnte man leicht meinen, dass der Rest des Universums damit niemals mithalten kann. Wenn Schall aus Druckschwankungen besteht, die Luft brauchen, um sich auszubreiten, müsste das Vakuum des Weltalls schließlich völlig still sein, oder?

In der Tat ist einer der klassischen Momente im Film *2001 – Odyssee im Weltraum*, als der Astronaut Dave Bowman zu seinem Raumschiff zurückkehrt, um den verrückten Computer HAL abzuschalten. Als Dave die Luftschleuse betritt, die Teil des Vakuums des Weltalls ist, versucht er zunächst verzweifelt, die Luke zu schließen. In dieser Zeit setzt der Soundtrack des Films für etwa 15 Sekunden völlig aus, sodass dem Zuschauer ein Schauer den Rücken hinunterläuft. Erst nachdem er die Tür schließt und sich der Raum mit Luft zu füllen beginnt, kommt der Sound zurück.

Stanley Kubrick, der Regisseur, wurde sehr dafür gelobt, in *2001* die Physik richtig hinbekommen zu haben – im Gegensatz zu den Explosionen und Laserfeuerwerken, die die Raumschlachten in *Star Wars*, *Star Trek* und vielen anderen Filmen begleiten.

Genau besehen ist die Darstellung Kubricks aber doch nicht ganz richtig, denn es *gibt* Schall im Weltraum. Wie wir in Kap. 11 sehen werden, ist das Vakuum im Weltraum vielleicht extremer als alles, was wir in einem Labor auf der Erde erzeugen können, aber der Weltraum ist mit Sicherheit nicht leer. In einem typischen Bereich der Milchstraße, fern irgendwelcher Sterne, Planeten oder Nebel, enthält jeder Kubikmeter etwa eine Million Atome. Das sind mehr als 10 Mio. Billionen Mal weniger Atome als wir in einem

Kubikmeter irdischer Luft auf Meereshöhe finden, aber es ist nicht das perfekte Vakuum.

Der Gasdruck im Weltraum ist extrem niedrig, aber da er nicht null ist, erzeugen die Bewegungen von Sternen, Planeten und anderen Himmelskörpern bei ihrem Flug durch den Kosmos Druckschwankungen, die sich wie Schall im Raum ausbreiten.

Die Geräusche, die das Universum erfüllen, gehören sicher nicht zu den Klängen, mit denen wir vertraut sind. Ihre Frequenzen liegen weit niedriger als alles, was Menschen zu hören in der Lage sind. Aber trotzdem handelt es sich um Schall, der auch nicht anders oder exotischer ist als sonstiger Schall, den wir ohne Hilfsmittel nicht hören können (wie etwa die Ultraschallschreie von Fledermäusen oder das tiefe Grollen des Gesangs von Walen).

Wir wollen uns nun der Frage zuwenden, welche Art von Geräuschen das Universum erfüllt. Was wir schon wissen ist, dass es Schall weit jenseits dessen ist, was unsere empfindlichen Ohren wahrnehmen können.

Der ultimative Überschallknall

Eine Supernova ist die fatale Explosion, mit der ein massereicher Stern sein Leben beendet. Wir haben in Kap. 3 gesehen, dass Supernova-Explosionen zu den lichtstärksten Ereignissen im Universum gehören. Wenig überraschend ist, dass dieses intensive Licht auch von einem ohrenbetäubenden Knall begleitet wird.

Bei einer Supernova-Explosion werden die äußeren Schichten des Sterns mit enormen Geschwindigkeiten in den Weltraum geblasen. Dies führt zu einer wunderschönen, immer größer werdenden Blase, die als „Supernovaüberrest“ (SNR) bezeichnet wird und über viele tausend Jahre bestehen kann, bevor sie langsam vor unseren Augen verblasst.

Ein Supernovaüberrest mag zerbrechlich und grazil erscheinen, aber er stellt eine ohrenbetäubende Wand aus Schall dar. Um das zu verstehen, müssen wir uns zunächst anschauen, wie sich Schall ausbreitet. Wie erwähnt, beträgt die Schallgeschwindigkeit in der Luft, die uns umgibt, etwa 340 m/s. Wenn Sie auf einem offenen Feld 340 m von mir entfernt stehen und ich Sie rufe, hören Sie mich mit einer Verzögerung von einer Sekunde.

Das ist alles keine Überraschung. Es gibt jedoch einen weiteren wichtigen Effekt bei der Schallausbreitung. Stellen Sie sich vor, Sie warten auf einem unterirdischen Bahnhof auf den Zug. Gewöhnlich bemerken Sie den Zug schon eine Minute bevor Sie ihn sehen oder hören, da Sie einen Luftzug aus dem Tunnel spüren, den der Zug vor sich herschiebt.

Aber wie kommt das? Warum sammelt sich die Luft nicht einfach vor dem Zug an wie der Schnee vor dem Schneepflug oder der Dreck in einer Schaufel? Sollte es einem Zug, der durch einen langen Tunnel fährt, nicht zunehmend schwerer fallen, voranzukommen, je mehr Luft er vor sich ansammelt? Sollte er nicht irgendwann stehen bleiben? Natürlich passiert nichts dergleichen. Bevor der Zug in den Tunnel fährt, ist dieser voller Luft. Und sobald der Zug hineinfährt, weicht die Luft im ersten Teil des Tunnels einfach aus.

All dies geschieht aufgrund der Schallausbreitung. Fährt der Zug in den Tunnel, presst er in der Tat vor sich die Luft zusammen. Der erhöhte Luftdruck wird aber mit Schallgeschwindigkeit tiefer in den Tunnel weitergegeben. So geht es während der gesamten Fahrt weiter: Der Zug presst mit seiner Vorderfront die Luft zusammen, die Luft reagiert aber blitzschnell und leitet die Druckerhöhung weiter, die nun dem Zug vorauseilt. Sie können diese Druckerhöhung als Luftzug spüren, während Sie am Bahnsteig stehen.

Was geschieht aber, wenn der Zug mit Überschallgeschwindigkeit fährt, also mit mehr als 340 m/s oder etwa 1220 km/h? Es gibt zwar noch keine Züge, die mit dieser Geschwindigkeit fahren, aber es gibt seit mehr als 60 Jahren Flugzeuge, die mit Überschallgeschwindigkeit fliegen. Und wie wir wissen, gibt es einen „Überschallknall", wenn ein Flugzeug die „Schallmauer" durchbricht.

Was passiert da? Die Luft vor dem Flugzeug bekommt in diesem Fall keine Vorwarnung, dass das Flugzeug kommt, da die Schallwellen zu langsam sind, um vor dem Flugzeug selbst anzukommen.

Statt eines sanften Druckanstiegs wie bei der Brise, die vor einem einfahrenden Zug aus dem Tunnel weht, kommt es zu einem schlagartigen, riesigen Druckanstieg, wenn die Luft vor dem Flugzeug plötzlich gegen dessen Vorderkante gepresst wird. Da Schall eine Druckänderung ist, und da der Ton umso lauter ist, je größer die Druckänderung ist, erzeugt dies einen scharfen, donnernden Knall. Ein Donner ist im Übrigen selbst ein natürlich vorkommender Überschallknall, der entsteht, wenn ein Blitzschlag Luft abrupt auf sehr hohe Temperaturen erhitzt, woraufhin sich diese mit einer enormen Geschwindigkeit ausdehnt, die größer als die Schallgeschwindigkeit ist.

Ähnliche Prozesse spielen sich im Weltraum ab – mit dem einzigen Unterschied, dass dort die Schallgeschwindigkeit eine völlig andere ist. Die Schallgeschwindigkeit in einem Gas hängt vorwiegend von seiner Temperatur ab. Während der Weltraum sehr kalt ist (siehe Kap. 2), ist interstellares Gas im Allgemeinen recht heiß und hat eine typische Temperatur von etwa 10.000 °C. Die entsprechende Schallgeschwindigkeit beträgt dort etwa 10 km/s oder 36.000 km/h, ist also etwa 30 Mal größer als die Schallgeschwindigkeit in der Erdatmosphäre.

Manche Objekte driften gemächlich mit Geschwindigkeiten deutlich unterhalb dieses Werts durch die Galaxie. Genau wie bei einem Zug im Tunnel weicht das interstellare Gas einfach aus, bevor diese Objekte ankommen. Wie wir jedoch in Kap. 6 gesehen haben, bewegen sich viele Objekte viel schneller als die interstellare Schallgeschwindigkeit. Genau wie bei einem Überschallflugzeug erzeugt dies einen betäubenden Überschallknall. Und der Urvater jeden Überschallknalls ist derjenige, den eine Supernova erzeugt.

Die Anfangsgeschwindigkeit, mit der die Bruchstücke einer Supernova-Explosion nach außen in den Weltraum geschleudert werden, kann bis zu 100 Mio. km/h erreichen, was 10 % der Lichtgeschwindigkeit ist! Das ist fast 3000 Mal höher als die Schallgeschwindigkeit im Weltraum, und entsprechend springt der Druck des interstellaren Gases um einen riesigen Faktor in die Höhe, wenn die Bruchstücke der Supernova-Explosion das Gas erreichen.

Wie laut ist der Knall, der entsteht? Um diese Frage zu beantworten, müssen wir uns zunächst überlegen, wie die

Lautstärke von Schall gemessen wird. Lautstärke ist ein subjektives Phänomen: Was für den einen eine angenehme Lautstärke ist, mag für jemand anderen viel zu laut sein. Das hängt davon ab, wie gut beide hören, aber auch von der neurologischen Wahrnehmung von Audiosignalen. Statt also davon zu sprechen, wie laut ein bestimmter Ton ist, müssen wir einen kleinen Schritt zurückgehen und den „Schalldruck" betrachten, den ein Ton erzeugt, das heißt die Größe der Luftdruckunterschiede, die von einer Schallwelle bei ihrer Ausbreitung erzeugt werden. Der Schalldruck, den ein bestimmtes Geräusch hat, ist also unabhängig davon, ob jemand das Geräusch als laut oder leise wahrnimmt.

Wir messen gewöhnlich den Schalldruck in „Dezibel". Null Dezibel ist als eine Druckänderung von 0,00000002 % des normalen Luftdrucks definiert, was dem leisesten Geräusch entspricht, das eine normale Person hören kann. Jede Verzehnfachung des Luftdrucks entspricht 20 zusätzlichen Dezibel. Hören Sie zum Beispiel Ihre eigene Stimme in einer normalen Unterhaltung, erreichen ihre Ohren Druckunterschiede von etwa 0,000002 % des normalen Luftdrucks. Das ist eine hundertmal größere Druckschwankung als bei null Dezibel, die Lautstärke beträgt also 40 Dezibel. Die allerlautesten Geräusche, denen wir im täglichen Leben ausgesetzt sind (Presslufthammer, Rockkonzerte und Düsentriebwerke), erzeugen einen Schalldruck von mehr als 100 Dezibel. Rechnungen deuten darauf hin, dass die Atombomben auf Hiroshima und Nagasaki etwa 250 Dezibel erreichten.

Mit diesem Wissen gewappnet, können wir die Einheit Dezibel verwenden, um zu beschreiben, wie laut ein Ton im interstellaren Raum ist. Dabei passen wir null Dezibel so an, dass dies wiederum einem Druck entspricht, der um 0,00000002 % von der Norm abweicht. Der Überschallknall einer nahen Supernova erzeugt einen plötzlichen Druckanstieg von etwa 1,000,000,000 %, was mehr als 330 Dezibel entspricht!

Wenn Sie irgendwie ohne Ohrenschutz im Weltall schweben könnten, während eine Supernova über Sie hinwegfegt, ist es aber unwahrscheinlich, dass Sie irgendetwas hören würden. Trotz des plötzlichen enormen Druckanstiegs wären die Druckwerte doch in einem Bereich, in dem die winzigen Härchen in Ihren Ohren nicht reagieren. Ihre subjektive Wahrnehmung wäre, dass die Supernova geräuschlos ist. Doch das wäre eine voreilige Schlussfolgerung, die auf den Grenzen unserer eigenen Wahrnehmung beruht. Haben Sie Mitleid mit einer hypothetischen fremden Spezies, die zwischen den Sternen lebt und deren Ohren genau auf die normalen Klänge umlaufender Sterne und wabernder Nebel justiert sind. Für ein solches Wesen wäre eine Supernova völlig ohrenbetäubend, das Lauteste, was dieses Wesen oder sonst irgendjemand je wahrnehmen könnte.

Bass-Töne aus dem All

Eine Supernova ist unglaublich laut, erzeugt aber wie ein Donnerschlag nur einen einzigen abrupten Knall. Die Klänge des Kosmos bestehen jedoch nicht nur aus einzelnen Knallen und Krächen, sondern auch aus lang gehaltenen Tönen.

Neben dem Schalldruck ist eine wichtige Größe des Schalls die Anzahl der Druckschwankungen pro Sekunde, die als die

„Frequenz" der Schallwelle bezeichnet wird und ein direktes Maß für die Tonhöhe ist. Eine hohe Frequenz bedeutet einen hohen Ton. Lauschen Sie im Konzert dem Orchester, bewegen sich alle Schallwellen mit der gleichen Geschwindigkeit fort und erreichen Ihre Ohren in der gleichen zeitlichen Abfolge, wie sie erzeugt wurden.Es gibt jedoch eine große Bandbreite in der Frequenz der Druckschwankungen, die von den verschiedenen Instrumenten erzeugt werden. Die tiefen Töne eines Kontrabasses entsprechen Druckschwankungen mit einer Frequenz von 50 Schwingungen pro Sekunde, wogegen der typische Ton einer Pikkoloflöte Schallwellen mit mehr als 1000 Schwingungen pro Sekunde erzeugt. Anders als die Lautstärke, die etwas Subjektives an sich hat, ist die Tonhöhe mathematisch definiert: Ein Ton, der eine Oktave höher liegt, hat die doppelte Frequenz.

Wir können daher die Höhe der Töne im Universum auf sehr klare und wohldefinierte Weise beschreiben. Die Schallwellen mögen sich im All mit ganz anderen Geschwindigkeiten als auf der Erde fortbewegen, und die Druckänderungen mögen sich auf völlig anderen Skalen abspielen, aber ihre Frequenz können wir aus unseren astronomischen Messungen abschätzen und auf einer musikalischen Tonleiter abbilden.

Die Rechnungen der Astronomen deuten darauf hin, dass die Tonhöhe des Universums eher einem kehligen Bass oder Bariton entspricht als einem Sopran. Die meisten Prozesse im Kosmos erzeugen aber Klänge mit weit geringerer Frequenz und damit Tonhöhen, die viel tiefer sind, als wir es kennen.

Der tiefste bisher identifizierte Ton gehört zu einem Galaxienhaufen, einer Ansammlung von mehreren hundert Galaxien und von heißen Gasen, wie wir sie in Kap. 7 diskutiert haben. Der Rekordhalter ist der Haufen „Abell 426", der aufgrund seiner Position in dem Sternbild auch oft als „Perseushaufen" bezeichnet wird.

Abell 426 ist etwa 250 Mio. Lichtjahre entfernt. Wie können wir auf so große Entfernung wissen, dass er Klänge erzeugt, und wie können wir feststellen, welchen Ton er singt?

Sie mögen vielleicht denken, dass die Astronomen ultraempfindliche Mikrophone gebaut haben, die die Erde umkreisen und die in der Lage sind, den Schall von diesem Haufen aufzufangen. Das hätten wir gerne! Aber mit der Schallgeschwindigkeit im interstellaren oder intergalaktischen Raum bräuchten die Schallwellen mehr als 100 Mrd. Jahre, um uns von Abell 426 zu erreichen, viel länger als das Alter des Universums. Wir können Abell 426 also nicht direkt hören.

Stattdessen müssen wir auf ähnliche Weise an die Sache herangehen, wie ein Schwerhöriger, der im oberen Stock wohnt, während darunter jemand sehr laut Musik spielt. Der Schwerhörige kann die Musik nicht direkt hören, kann aber dennoch feststellen, dass Musik gespielt wird, da der Salz- und der Pfefferstreuer auf dem Küchentisch synchron mit dem Rhythmus tanzen. Der Schwerhörige hört zwar den Schall nicht, aber er sieht ihn!

So ist es auch mit Abell 426. Wir können seine Melodie niemals direkt hören, aber wir können die Druckwellen sehen, die er erzeugt. Eine weitere Herausforderung bei Abell 426 besteht darin, dass seine eigentlichen Schwingungen eine viel zu geringe Frequenz haben, als dass wir sie als Hin- und Herbewegung sehen könnten. Um unser obiges Bild noch einmal zu bemühen: Wir sehen Salz- und Pfefferstreuer gar nicht wackeln, sondern sind auf ein einziges Foto des Küchentischs beschränkt.

Mit nur einem Schnappschuss wäre es aber schwierig, festzustellen, dass unten Musik gespielt wird, geschweige denn, dass man mit irgendeiner Gewissheit behaupten könnte, welcher Ton gespielt wird oder wie laut dieser ist. Im Fall von Abell 426 haben wir jedoch einen wesentlichen Vorteil: Das Gas, das den Haufen durchzieht (und in welches die einzelnen Galaxien eingebettet sind) ist ungeheuer heiß. Bei seiner extremen Temperatur jenseits von 30.000.000 °C glüht das Gas und strahlt extrem energiereiche Röntgenstrahlung ab.

2002 nutzte der britische Astronom Andy Fabian das Chandra Röntgenteleskop der NASA, um ein detailliertes Bild der Röntgenstrahlen aufzunehmen, die von dem heißen Gas in Abell 426 erzeugt wurden. Was diese Beobachtungen überraschenderweise zeigten, war eine Reihe konzentrischer Wellen, ähnlich denen, die man sieht, wenn man einen Stein in einen Teich wirft. Durch eine sorgfältige Analyse der Daten konnten Fabian und seine Kollegen zeigen, dass diese Wellen Orten innerhalb des Haufens entsprachen, an denen das Gas eine etwas höhere Dichte als im Durchschnitt besaß. Für die Lücken zwischen den Wellen fanden sie andererseits heraus, dass die Gasdichte dort etwas unter dem Durchschnitt lag. Da eine höhere Dichte auch einem höheren Druck (und geringere Dichte einem niedrigeren Druck) entspricht, war die Schlussfolgerung unausweichlich: Diese Wellen sind Druckschwankungen. Es handelt sich um eine riesige Schallwelle, die durch den gesamten gewaltigen Haufen donnert.

Die entsprechende Tonhöhe festzustellen, ist dann relativ leicht. Wir können berechnen, dass die Schallgeschwindigkeit in diesem 30.000.000 °C heißen Gas etwa 4,2 Mio. km/h beträgt, und wir können anhand des Bildes messen, dass der Abstand zwischen den Wellen jeweils etwa 36.000 Lichtjahre beträgt. Für einen Zuhörer innerhalb des Haufens, an dem diese Schallwelle vorbeikommt, müssen wir einfach die Geschwindigkeit der Welle durch den Abstand zwischen den Wellen teilen, um die Frequenz der Druckwelle zu bestimmen, und somit auch, welcher Ton gespielt wird.

Die Beobachtungen führen zu dem bemerkenswerten Schluss, dass Abell 426, ein unfassbar fremdes Objekt in 250 Mio. Lichtjahren Entfernung, ein B summt.

Aber das ist nicht das B, mit dem Sie vertraut sind: Die Schallwellen in Abell 426 haben eine Schwingungsdauer von etwa 9 Mio. Jahren, was 56 Oktaven tiefer als das „eingestrichene“ C mit seinen 262 Schwingungen pro Sekunde ist, oder einer etwa 6000 Billionen Mal tieferen Frequenz entspricht, als sie das menschliche Ohr hören kann. Oder, um es noch einmal anders auszudrücken: Man müsste auf der linken Seite eines Klaviers noch 635 Tasten hinzufügen, um einen solch tiefen Ton spielen zu können!

Der tiefe Basston, den Abell 426 singt, ist nicht annähernd so laut wie eine Supernova. Die Wellen auf der Röntgenaufnahme von Abell 426 entsprechen Druckschwankungen von etwa 10 %, was eine Lautstärke von etwa 170 Dezibel ausmacht. Das ist etwa so, wie wenn man sein Ohr bei einem Rockkonzert direkt gegen den Lautsprecher hält, und somit viel leiser als eine Supernova-Explosion. Eine Supernova ist zudem ein einzelner betäubender Knall, während Abell 426 seit mehr als 2 Mio. Jahren einen einzigen Ton singt und hält, ohne ein Anzeichen, demnächst wieder Atem holen zu müssen.

Die Energie, die jede Sekunde benötigt wird, um diesen Ton zu halten, ist atemberaubend. Sie ist eine Billion Billion Mal größer als die gesamte Energieerzeugung aller Kraftwerke auf der Erde. Was ist dieses kosmische Kraftwerk, das so viel Energie liefert, und weshalb manifestiert es sich als Schall?

Wie so oft im Fall derart energiereicher Ereignisse im Kosmos, ist der oder das Schuldige ein Schwarzes Loch. Im Zentrum von Abell 426 liegt eine große Galaxie namens „NGC 1275", die wiederum in ihrem Kern ein supermassereiches Schwarzes Loch beherbergt, das eine Masse von 400 Mio. Sonnen hat. Auch wenn dieses Schwarze Loch nicht direkt zu sehen ist, können wir auf seine Gegenwart aus den riesigen Mengen an Licht schließen, das von dem superheißen Gemisch aus Sternen und Gas erzeugt wird, die ständig spiralförmig in seinen Schlund gesogen werden.

Genau wie wir es in Kap. 6 bei Hyperschnellläufern gesehen haben, die von Sagittarius A* (dem supermassereichen Schwarzen Loch im Zentrum der Milchstraße) hinausgeschleudert werden, wird nicht alles, was einem Schwarzen Loch nahe kommt, auch schließlich von ihm verspeist. Zumindest ein Teil der Materie schafft es, zu entkommen und wird mit hoher Geschwindigkeit nach außen geschleudert. Sagittarius A* hat einen sehr bescheidenen Appetit: Das Schwarze Loch benötigt 100.000 Jahre, um eine Masse, die unserem Sonnensystem entspricht, zu vertilgen. Entsprechend entledigt es sich auch nur gelegentlich seines Schrotts, wie die geringe Anzahl an Hyperschnellläufern belegt, die über Millionen von Jahren hinausgeschleudert wurden.

Das viel größere Schwarze Loch im Zentrum von NGC 1275 ist weit gefräßiger und verschlingt alle paar Wochen die Masse unseres Sonnensystems. Es ist nicht überraschend, dass auch der superschnelle Ausstoß von Materie, die dem Schwarzen Loch nur knapp entgeht, hoch ist. Aus Gründen, die wir noch nicht vollständig verstehen, manifestiert sich dies bei NGC 1275 und vielen anderen Systemen in der Form von zwei gegenüberliegenden Jets aus Materie, die von dem Schwarzen Loch mit einer Geschwindigkeit, die schon einen signifikanten Bruchteil der Lichtgeschwindigkeit darstellt, über Millionen von Lichtjahre fortgeblasen wird.

Im Fall von NGC 1275 müssen sich diese Zwillingsjets ihren Weg durch das gesamte Gas des großen Galaxienhaufens bahnen. Wie ein Gartenschlauch in einem Wasserbecken erzeugt die Kollision der Jets mit dem Gas des Galaxienhaufens eine Reihe von Blasen, die sich unter der Kraft der Jets aufblähen, um sich schließlich abzulösen und nach außen zu treiben. Während sich die Blasen ausdehnen, pressen sie das umgebende Gas auseinander und erzeugen damit die Druckschwankungen, die dann als tiefes B durch den Haufen klingen.

Es gibt viele Galaxienhaufen im Universum, und es gibt eine riesige Zahl von supermassereichen Schwarzen Löchern, die ein Paar Jets aus nach außen fließendem Gas erzeugen. Ob aber all diese Faktoren so zusammenpassen, dass ein einzelner schriller Ton erzeugt wird, hängt wie die Höhe dieses Tons an einer sehr delikaten Kombination der Rate, mit der sich das Schwarze Loch ernährt, der Stärke seiner Jets und der Größe, Dichte und Temperatur des umgebenden Galaxienhaufens. Trotz all dieser Einschränkungen haben die Astronomen nun begonnen, andere Haufen zu identifizieren, die wie Abell 426 mit Erfolg einen Ton halten. Das ganze Universum scheint im Einklang der tiefsten vorstellbaren Kehlen zu brummen.

Nach dem Urknall

Heute ist das Universum von dem tiefen Summen von Galaxienhaufen, dem scharfen Knallen von Supernova-Explosionen und einer Myriade anderer Geräusche erfüllt. All diese Geräusche entstehen auf die eine oder andere Weise durch die verschiedenen Bewegungen und Aktivitäten von Sternen, Galaxien, Schwarzen Löchern und Sternhaufen. Aber diese Bestandteile des Kosmos haben noch nicht immer existiert. Wir wissen, dass das Universum 13,8 Mrd. Jahre alt ist, und wir wissen, dass es zu Anfang eine Zeit gab, zu der sich noch keine Sterne oder Galaxien gebildet hatten.

Waren also vor der ersten Supernova-Explosion und vor dem ersten supermassereichen Schwarzen Loch die riesigen Weiten des Universums von absoluter Stille erfüllt? Oder gab es ein kosmisches Lied schon lange bevor es einzelne Sänger gab? Was war der erste Ton im Universum?

Das hört sich nach zutiefst philosophischen Fragen an, aber, kaum zu glauben, Astronomen können sie mit erstaunlicher Genauigkeit beantworten.

Es gibt handfeste Belege dafür, dass sowohl Raum als auch Zeit mit einem Ereignis begannen, das wir „Urknall“

nennen, und das nach unseren besten Schätzungen vor 13,8 Mrd. Jahren stattfand. Doch trotz seines Namens vermuten wir, dass der Urknall völlig leise war. Die Verteilung von Materie und Energie, die in diesem plötzlichen, verhängnisvollen Ereignis geschaffen wurde, war nahezu perfekt gleichmäßig – da gab es keine Druckschwankungen, die irgendeinem Geräusch entsprechen konnten.

Doch schon in weniger als einer billion-billionstel Sekunde nach dem Urknall, als sich das Universum etwa auf die Größe eines Strandballs ausgedehnt hatte, waren im Kosmos eindeutig Klumpen entstanden. Nach einiger Zeit, in der sich das Universum weiter ausdehnte, nutzten diese dichteren Materieklumpen ihre Schwerkraft, um mehr Masse anzuziehen. Während das Gas in ihnen zunehmend fester zusammengedrückt wurde, nahmen die Klumpen an Dichte zu. Das zwang das Gas aber, sich auszudehnen. Bei der Ausdehnung fiel der Druck in den Gaswolken, und ihre Ausdehnung verlangsamte sich. Die Schwerkraft machte sich wieder bemerkbar, und der Vorgang wiederholte sich.

Weniger als eine Millisekunde nach dem Urknall begannen Gaswolken ganz verschiedener Größen zu kollabieren und sich auszudehnen, immer verbunden mit einem Druckanstieg und -abfall. Mit diesen Druckoszillationen hatte das Universum seine Stimme gefunden!

Diese ersten Schallwellen waren etwas anders als diejenigen, über die wir zuvor sprachen. Statt sich von Punkt A nach Punkt B fortzupflanzen wie meine Stimme, die Schall durch die Luft zu Ihren Ohren schickt, oszillierten diese Wellen zwischen höherem und niedrigerem Druck, ohne sich irgendwohin auszubreiten. Solche Wellen nennt man „stehende Wellen“. Sie ähneln sehr den stationären Schallwellen, die im Inneren einer Flöte oder einer Orgelpfeife erzeugt werden.

Die Länge einer Orgelpfeife bestimmt die Höhe des Tons, den sie erzeugt: Die kleinsten Orgelpfeifen erzeugen die höchsten Töne. Auf ähnliche Weise diktierte zu diesen frühen Zeiten das jeweilige Alter des Universums die Tonhöhe der urzeitlichen Melodie. Als das Universum sehr jung war, waren es nur relativ kleine Materieklumpen, deren Gas sich schnell ausdehnen und zusammenziehen konnte und genug Zeit für eine komplette Druckoszillation fand. Entsprechend bestand der kosmische Chor nur aus Sopranen. Mit dem Altern des Universums wurden auch mehr und mehr langsamere Oszillationen vollendet, und entsprechend tiefere Töne kamen zu dem Chor hinzu.

Mit zunehmender Zeit wurde die Musik dann auch lauter. Das lag daran, dass der gesamte Grad an Verklumpung im Universum zunahm, als die Schwerkraft ihren Einfluss auszuüben begann. Mit der Größenzunahme der Klumpen wurde auch der Gegensatz zwischen Expansion und Kontraktion der Gaswolken größer, und die Druckwellen wurden stärker.

Welcher Klang ging von den stehenden Wellen im frühen Universum aus? Nur 10 Jahre nach dem Urknall war der vorherrschende Ton im Universum ein Fis (aber 35 Oktaven tiefer als das eingestrichene C, den ein menschliches Ohr wahrnehmen kann) bei einer Lautstärke von 90 Dezibel (etwa so laut, wie wenn man neben einem Rasenmäher steht). Im Lauf der nächsten hunderttausend Jahre konnte eine ganze Reihe größerer Gaswolken zu oszillieren beginnen: Töne, die noch 13 Oktaven tiefer lagen, wurden zur himmlischen Orgel hinzugefügt, wobei die Lautstärke um einen Faktor 20 zunahm.

Als gerade die größtmögliche Gaswolke ihren ersten kompletten Zyklus von Kollaps und Expansion beendete, gab es andere Gaswolken, die genau halb so groß waren und gerade zwei volle Zyklen absolviert hatten und noch mehr Wolken, die wiederum nur halb so groß waren und schon viermal oszilliert hatten. Das Resultat war, dass der lauteste Ton von einer ganzen Reihe schwächerer Obertöne begleitet wurde.

Stellen Sie sich jedoch kein angenehm klingendes (aber donnernd lautes!) Barbershop-Quartett vor. Diese Reihe von Obertönen hatte nicht die relativ reine Klangfarbe eines Musikinstruments, sie bestand vielmehr aus einem unklaren Gemisch sich überlagernder Töne. Wenn Sie das Ergebnis hören könnten, wäre es ein unbestimmtes Zischen, das mit dem Altern des Universums immer tiefer und lauter wurde.

Dieser himmlische Gesang dauerte etwa 380.000 Jahre und hörte dann abrupt auf, um nie wieder zu beginnen. Was brachte diese enorme kosmologische Orgel zum Verstummen? Und woher wissen wir, dass es diese Töne jemals gab, wenn sie vor Milliarden von Jahren verschwanden?

Wie wir in Kap. 2 diskutiert haben, war das Universum in frühen Zeiten ein dichter Nebel, in dem ein Lichtstrahl nicht einmal eine kurze Strecke zurücklegen konnte, ohne mit einem Elektron zu kollidieren. Während dieser Phase, die als Prä-Rekombinationsära bezeichnet wird, expandierten und kollabierten Gasmassen und produzierten die ersten Klänge.

Nach 380.000 Jahren hatte sich das Universum jedoch auf eine Temperatur von 2700 °C abgekühlt, was kalt genug war, um Protonen und Elektronen zu erlauben, sich zu Atomen zusammenzutun. Nach der Beseitigung dieser Suppe von frei schwebenden Elektronen klarte der Himmel auf, und der Kosmos wurde durchsichtig. Dieser Moment wird als „Rekombination" bezeichnet.

Die Rekombination ließ das Universum verstummen, da sich durch sie die Schallgeschwindigkeit änderte. Vor der Rekombination bewegten sich Schallwellen durch eine gallertartige Mischung aus Licht und Materie, in der die Schallgeschwindigkeit etwa 60 % der Lichtgeschwindigkeit betrug, also etwa 620 Mio. km/h. Bei dieser hohen Schallgeschwindigkeit konnten Gaswolken relativ schnell kollabieren und expandieren.

Als dann jedoch Materie und Licht getrennte Wege gingen, fiel die Schallgeschwindigkeit quasi auf null. Im Moment der Rekombination hörte das ganze Herein- und Hinausschwappen des Gases plötzlich auf, und das Universum wurde still.

Dieses plötzliche Ende der kosmischen Sinfonie fand genau zu dem Zeitpunkt statt, als sich das Universum den Blicken öffnete. Das bedeutet, dass wir diese Schallwellen auch nicht wie beim Galaxienhaufen Abell 426 sehen können. Woher wissen wir dann, dass sie existierten?

Wir wissen es, weil zwar diese Klänge längst verstummt sind, aber das finale Crescendo für immer in die Textur des Kosmos eingefroren ist.

Die Rekombination hinterließ den kosmischen Mikrowellenhintergrund, ein schwaches, kaltes Licht, das das Universum erfüllt (siehe Kap. 2). Diese Hintergrundstrahlung wurde in den 1960er-Jahren entdeckt und wurde sofort zum Gegenstand detaillierter Untersuchungen von Astronomen auf der ganzen Welt. In den 1990er-Jahren zeigten Präzisionsbeobachtungen, dass das Leuchten der Hintergrundstrahlung nicht völlig gleichmäßig ist, sondern dass es Bereiche des Himmels gibt, die 0,001 % wärmer oder kälter als die Umgebung sind.

Mit der Verbesserung dieser Messungen lieferten diese winzigen Fluktuationen (die „Anisotropie der kosmischen Hintergrundstrahlung“) ein sensationell detailliertes Portrait des Universums zum Zeitpunkt der Rekombination vor mehr als 13 Mrd. Jahren, also nur 380.000 Jahre nach dem Urknall, denn diese winzigen Temperaturunterschiede entsprechen einzelnen Gasmassen, die inmitten ihrer Druckoszillationen eingefroren wurden. Diese Oszillationen haben zwar aufgehört, aber wir können sie in ihren endgültigen Positionen sehen. Es ist, als hätten wir das Foto eines Orchesters, wie es gerade seinen letzten Ton spielt: Die Arme des Dirigenten sind erhoben, und dem Ensemble, das seine Instrumente mit höchster Lautstärke spielt, ist die Anstrengung anzusehen. Der Klang selbst fehlt jedoch.

Die Astronomen haben diese Temperaturfluktuationen im Detail untersucht und herausgefunden, dass die Hintergrundstrahlung kein zufälliges Durcheinander verschieden großer heißer und kalter Flecken aufweist, sondern dass die Regionen mit höherer oder niedrigerer Temperatur meist bestimmte Größen haben: Sie haben am Himmel etwa den doppelten Durchmesser des Vollmonds. Daraus folgt, dass dem Universum ein klarer Grundton aufgeprägt ist. Anschließende Analysen haben bestätigt, dass dieser Grundton von mindestens sechs Obertönen begleitet wird. Insbesondere können wir mit beträchtlicher Genauigkeit und Gewissheit sagen, dass der vorherrschende Ton des Kosmos zur Zeit der Rekombination ziemlich genau 54 Oktaven tiefer als das eingestrichene C lag und ohrenbetäubende 120 Dezibel laut war. Das ist nicht ganz so tief wie der Ton, den Abell 426 singt, ist aber dennoch bemerkenswert: Um ihn zu spielen, bräuchte eine Orgel eine Pfeife, die mehr als 10 Billionen km lang ist!

Nach der Rekombination setzte sich die Ausdehnung und Abkühlung des Universums fort, allerdings in absoluter Stille. Im Lauf der nächsten hunderte Millionen Jahre konnten sich die Gasmassen, die zum Zeitpunkt der Rekombination gerade nahe ihrer maximalen Kontraktion waren, unter dem Einfluss der Gravitation weiter zusammenziehen und sich schließlich zu den ersten Sternen und Galaxien vereinigen (siehe die Diskussion über „Population III-Sterne“ in den Kap. 4 und 7). Als diese verschiedenen Arten des kosmischen Zoos langsam aus der Leere auftauchten, brachten sie dem Universum nicht nur Licht, sondern auch den Schall zurück – in Form von Krachmachern wie den Supernova-Explosionen und Galaxienhaufen, die ich zuvor beschrieben habe. Und seither hat das Universum nicht mehr zu tönen aufgehört.

Es gibt eine letzte, verblüffende Verbindung zwischen den seltsamen Harmonien der Prä-Rekombinationsära und dem Radau, den der Kosmos heute erlebt.

Wie schon erwähnt, zeigt uns die Hintergrundstrahlung, dass die heißesten Gasmassen bei der Rekombination (das heißt diejenigen, die im Moment, als das Universum durchsichtig wurde, gerade die Kompressionsphase ihrer Druckoszillation beendeten) am Himmel etwa die doppelte Größe des Vollmonds hatten, was zum Zeitpunkt der Rekombination einer Ausdehnung von 460.000 Lichtjahren entsprach. Das Universum hat sich jedoch in den 13,8 Mrd. Jahren seither um mehr als einen Faktor 1000 ausgedehnt. Falls diese Regionen noch existieren, hätten sie nun einen Durchmesser von 500 Mio. Lichtjahren.

In den frühen 1980ern begannen Astronomen, die dreidimensionalen Positionen Hunderter relativ nahe gelegener Galaxien zu bestimmen und fanden heraus, dass sie nicht gleichmäßig verteilt, sondern in komplizierten Mustern angeordnet sind (siehe Kap. 5). Dass das Universum nicht völlig chaotisch ist, sondern eine charakteristische Struktur aufweist, war eine beachtliche Entdeckung.

Nachdem die Astronomen ihre Kataloge mit den Positionen von Galaxien auf viele Zehntausende Objekte erweitert hatten, tauchte 2005 ein noch erstaunlicheres Ergebnis auf. Die Galaxien treten nicht nur gehäuft auf, die Größe dieser Anhäufungen ist auch nicht zufällig. Wie groß sind sie typischerweise? Ziemlich nahe an 500 Mio. Lichtjahren – und das ist dieselbe Größe, die die heißen Gaswolken aus der Zeit der Rekombination nun aufweisen würden, wenn sie bis heute überlebt hätten.

Die Schlussfolgerung ist unausweichlich: Diese heißen Wolken haben überlebt, haben sich aber nun zu Galaxien, Sterne, Planeten und Menschen entwickelt. Was wir überall um uns herum sehen, und wovon wir in der Tat selbst ein Teil sind, sind die Fossilien der oszillierenden Schallwellen aus den frühesten Zeiten der Geschichte, die für immer in die Verteilung der Materie im Kosmos eingewoben sind.

Die ersten Klänge des Universums sind lange verklungen. Der Dirigent und die Musiker haben die kosmische

Bühne verlassen und ihre Instrumente mitgenommen. Die Musizierenden haben jedoch ihre Notenhefte zurückgelassen. Indem wir die Hintergrundstrahlung und die großskaligen Strukturen des Universums studieren, können wir die erste Musik, die je gespielt wurde und die nie zum Hören gedacht war, rekonstruieren.

9 Dynamos im All: Extreme des Elektromagnetismus

Die moderne Welt ist ganz und gar auf Elektrizität und Magnetismus angewiesen. Wir nutzen Elektrizität, um unsere Häuser zu beleuchten, fernzusehen und unsere Nahrungsmittel zu kühlen. Riesige Industrien widmen sich der Erzeugung von Elektrizität und der Aufgabe, sie an die Steckdosen in unseren Wänden zu liefern. Und Magnete sind wesentliche Bestandteile so alltäglicher Dinge wie Kreditkarten, Festplatten, Mikrophone und Lautsprecher.

Auch wenn wir bei Elektrizität und Magnetismus an unseren modernen Komfort denken, haben ihre Anwendungen eine überraschend lange Geschichte. Lange bevor die Menschheit lernte, sich Elektrizität und Magnetismus nutzbar zu machen, erfüllten sie unsere Vorfahren mit Angst und Staunen. Bereits unsere frühesten Vorfahren vermieden Blitze, während die alten Griechen wussten, dass Magnetstein Eisen anzieht. Vor fast 2500 Jahren empfahl der große indische Chirurg Sushruta, mit Magneten eiserne Pfeilspitzen aus Wunden zu entfernen. Und zu Zeiten des Römischen Reichs schrieb der Arzt Scribonius Largus, das Platzieren eines elektrischen Aals auf der Stirn eines Patienten könne schwere Kopfschmerzen heilen.

Aber erst in den letzten 150–200 Jahren haben wir uns diese mysteriösen und wirkungsvollen Phänomene zunutze gemacht und ein Verständnis ihrer grundlegenden Rolle im Universum entwickelt. Dabei stehen drei wesentliche Konzepte im Mittelpunkt: Erstens haben wir gelernt, dass Elektrizität aus Elektronen entsteht, den winzigen Elementarteilchen, die 1897 von dem britischen Arzt Joseph John (J.J.) Thompson entdeckt wurden. Kann man eine große Zahl von Elektronen dazu bringen, sich gemeinsam in die gleiche Richtung zu bewegen (zum Beispiel entlang eines Drahts), wird Elektrizität produziert, und es fließt Strom.

Zweitens wissen wir inzwischen, dass Elektrizität und Magnetismus keine unabhängigen Phänomene sind, sondern verschieden Facetten der gleichen zugrunde liegenden, vereinigten Kraft, die wir „Elektromagnetismus" nennen. Sie können das an der Ablenkung einer Kompassnadel durch einen stromdurchflossener Draht in seiner Nähe sehen (Elektrizität erzeugt Magnetismus) oder daran, wie der sich drehende Magnet in einem Dynamo elektrischen Strom erzeugt (Magnetismus erzeugt Elektrizität). Schließlich wissen wir drittens, dass auch Licht eine „elektromagnetische Welle" ist, in der sich wechselseitig ein elektrisches Feld und ein Magnetfeld bedingen.

Elektromagnetismus kann mehr als einfach nur unseren Fernseher mit Energie versorgen und unseren Einkaufszettel mit einem Magneten an die Kühlschranktür heften. Er ist einer der fundamentalen Kräfte, die den Kosmos kontrollieren – Elektrizität und Magnetismus kommen überall von Natur aus vor, wo immer wir hinschauen. Bevor wir jedoch die elektromagnetischen Eigenschaften des Universums untersuchen, müssen wir uns noch überlegen, wie wir diese Kräfte messen und beschreiben können. Jeder ist mit Spannung und Strom vertraut. Der Computer, an dem ich diese Worte schreibe, wird beispielsweise mit einer Spannung von 220 V und einer Stromstärke von 1,5 A versorgt. Aber was bedeuten Spannung und Stromstärke wirklich?

Die Stromstärke misst einfach die Rate, mit der Elektronen entlang eines Drahtes fließen. Ein Strom von 1 A fließt, wenn jede Sekunde etwa 6.241.509.600.000.000.000 Elektronen einen bestimmten Punkt passieren.

Spannung ist etwas komplizierter und abstrakter definiert: Sie ist die Kraft, mit der Elektronen längs eines Drahts bewegt werden. Ein Strom der Stärke 1 A mit einer Spannung von 4 V liefert eine doppelt so große Leistung wie Strom der gleichen Stärke mit einer Spannung von 2 V: Die Elektronen fließen in beiden Fällen mit der gleichen Rate, aber im ersten Fall werden die Elektronen doppelt so kräftig angeschoben.

Stellen Sie sich vor, Sie stehen mit einer großen Gruppe von Freunden auf einem Hügel, und neben Ihnen steht eine Kiste mit Dutzenden massiver Metallkugeln verschiedener Masse. Eine andere Gruppe Freunde steht am Fuß des Hügels, und deren Aufgabe ist es, die Kugeln zu fangen, die die erste Gruppe vom Hügel hinunterrollt.

Nehmen wir an, die Gruppe auf dem Hügel rollt mehrere Kugeln gleichzeitig den Hang hinunter, und nehmen wir an, dass alle vereinbart haben, Kugeln derselben Masse zu verwenden. Stellen Sie sich diese Kugeln als Elektronen vor und ihre Bergabbewegung als elektrischen Strom. In diesem Fall entspricht die Stromstärke (gemessen in Ampere) der Zahl der Kugeln, die losgelassen werden, während die

Spannung durch die Kraft dargestellt wird, mit der jede Kugel die Hand der Person trifft, die sie fängt.

Nehmen wir nun an, dass Sie und Ihre Freunde zunächst 10 kleine Kugeln gleichzeitig den Hang hinunterrollen. Nachdem diese 10 Kugeln am Fuß des Hügels aufgefangen wurden, machen Sie das gleiche wieder, aber jetzt mit 20 kleinen Kugeln.

Für einen Beobachter auf halber Höhe hat sich die Anzahl der Kugeln verdoppelt, also hat sich die Stromstärke verdoppelt. In beiden Fällen ist jedoch die Kraft, die eine Person am Fuß des Hügels beim Fangen der Kugeln spürt, die gleiche, die Spannung ist also unverändert. (Der einzige Unterschied ist, dass doppelt so viele Menschen nötig sind, um die zusätzlichen Kugeln zu fangen.)

Die obere Gruppe nimmt nun 10 weitere Kugeln aus der Kiste, wobei aber jetzt jede Kugel die doppelte Masse der vorherigen Kugeln besitzt. Wenn diese Kugeln die Hügel hinabrollen, ist die Zahl der Kugeln die gleiche wie beim ersten Mal, also ist die Stromstärke die gleiche (und die Kugeln rollen mit der gleichen Geschwindigkeit wie zuvor, da die Schwerkraft alle Objekte, ungeachtet ihrer Masse, mit der gleichen Geschwindigkeit fallen lässt). Aber da diese neuen Kugeln doppelt so schwer sind, treffen sie mit der doppelten Kraft der kleinen Kugeln auf die Hände der Fangenden: Die Spannung hat sich also verdoppelt.

Diese Analogie ist allerdings allzu einfach, Sie sollten sie nicht als Grundlage für Ihr Verständnis der Theorie des Elektromagnetismus heranziehen! (Eine höhere Spannung ist zum Beispiel nicht mit schwereren Elektronen verbunden; alle Elektronen haben die gleiche Masse.) Die Analogie kann jedoch als einfaches Bild dienen, um unsere täglichen Erfahrungen mit Elektrizität mit dem vergleichen zu können, was andernorts im Universum geschieht.

Soviel zur Elektrizität, aber wie steht es mit dem Magnetismus? Was können wir an einem Magneten messen? Die naheliegendste Messung ist wohl, wie stark die Anziehung ist, die ein Magnet auf Dinge in seiner Nähe ausübt. Ein Magnet, der beispielsweise gerade einen Eisennagel, der 5 g wiegt, anheben kann, hat eine „Anziehungskraft" von 5 g.

Die Anziehungskraft zweier Magneten zu vergleichen, kann jedoch irreführend sein, da sie sehr empfindlich von der Form des Magneten und der Richtung, in der er gehalten wird, abhängt. Die Anziehungskraft ist auch keine besonders aussagefähige Größe, wenn wir kein Objekt an den Magneten halten können, um seine Stärke zu prüfen (wie im Fall eines Magneten im Weltraum, den wir untersuchen möchten).

Ein alternativer Ansatz zur Messung des Magnetismus basiert auf der Tatsache, dass magnetische Felder von elektrischen Strömen erzeugt werden (selbst in einem Magneten an der Kühlschranktür gibt es winzige Kreisströme auf atomarer Skala).

Diesem Ansatz zufolge kann die innere Stärke eines Magneten, die auch als „magnetisches Moment" oder „magnetisches Dipolmoment" bezeichnet wird, ermittelt werden, indem man die Stärke des elektrischen Stroms im Inneren des Magneten mit der Fläche der Schleife multipliziert, längs der dieser Strom fließt.

In einem Magneten mit einem großen magnetischen Moment wird also im Inneren ein starker Strom fließen. Allgemein gesprochen verdoppelt sich die Anziehungskraft mit dem Quadrat des magnetischen Moments: Verdoppelt man das magnetische Moment, kann der Magnet einen viermal so schweren Nagel anheben. Der springende Punkt ist jedoch, dass man mithilfe des magnetischen Moments verschiedene Magnete ungeachtet ihrer Form oder Orientierung vergleichen kann – und das auch wenn sie sich im Weltraum und nicht vor uns auf dem Tisch befinden!

Schließlich müssen wir noch im Kopf behalten, dass die anziehende oder abstoßende Kraft von der Entfernung zum Magneten abhängt. Zwei Magneten mit der gleichen Anziehungskraft (oder dem gleichen magnetischen Moment) üben unterschiedliche anziehende Kräfte aus, wenn der eine weiter entfernt als der andere ist. Wir können uns daher auch entscheiden, das *magnetische Feld* an einem bestimmten Ort zu beschreiben, statt uns um die genauen Eigenschaften des Magneten oder um seine Entfernung von uns zu kümmern. Wissen wir nicht genau, wie ein Magnet funktioniert oder wie weit er entfernt ist, ist oft das magnetische Feld das einzige, was wir messen können.

Ein Beispiel ist der riesige natürliche Magnet im geschmolzenen Metallkern der Erde, der alle Kompassnadeln nach Norden ausrichtet. Es macht aus mehreren Gründen keinen Sinn, die Anziehungskraft dieses Magneten zu beschreiben: Zum einen hat er keine feste Oberfläche, an die man ein Objekt halten könnte, um zu prüfen, ob er es anheben kann. Wir können auch das magnetische Moment der Erde nicht direkt bestimmen, da wir keine Möglichkeit haben, elektrische Ströme Tausende von Kilometern unter unseren Füßen zu messen. Was wir jedoch schnell und leicht bestimmen können, ist das magnetische Feld an der Erdoberfläche. Dazu muss man einfach die Drehung beobachten, mit der das magnetische Feld die Kompassnadel nach Norden ausrichtet. Magnetische Felder werden in „Gauß“ gemessen, und das magnetische Feld an der Erdoberfläche beträgt typischerweise ein halbes Gauß.

Je stärker das Feld ist, umso stärker ist die Kraft, mit der die Kompassnadel ausgerichtet wird. Das magnetische Feld an der Oberfläche eines Kühlschrankmagneten beträgt zum Beispiel 50 Gauß, das ist hundertmal mehr als das Magnetfeld der Erde. Ein Kühlschrankmagnet wird also einen Kompass mit einer hundertmal stärkeren Kraft als die Erde drehen, selbst wenn das gesamte magnetische Moment der Erde viel größer als das des Kühlschrankmagneten ist.

Mit diesen Konzepten und Messgrößen ausgerüstet können wir uns nun an die Untersuchung der spektakulären Extreme von Elektrizität und Magnetismus im Universum machen.

Galaktische Magneteisensteine

Planeten, Sterne und sogar ganze Galaxien sind allesamt magnetisch.

Es mag Sie vielleicht überraschen, dass es im Weltraum Magnete gibt. Aber erinnern Sie sich daran, dass Magnetismus immer entsteht, wenn es einen elektrischen Stromkreis gibt, also wenn Elektronen entlang einer geschlossenen Schleife fließen. Die meisten himmlischen Körper enthalten aber Elcktronen, und diese Körper drehen sich praktisch immer. In all diesen Objekten gibt es also Kreisströme und folglich auch Magnetismus.

Ich habe bereits das magnetische Feld der Erde erwähnt, das an der Erdoberfläche eine Stärke von etwa 0,5 Gauß hat. Dieses Feld erstreckt sich in die Atmosphäre und über Zehntausende von Kilometern in den Weltraum hinaus. Das Magnetfeld der Erde ist lebenswichtig für den Vogelzug (einige Vogelarten scheinen Magnetfelder regelrecht sehen zu können). Es erzeugt die leuchtenden Polarlichter, die über dem Nord- und Südpol zu sehen sind. Und es schützt uns vor der Sturzflut schädlicher Teilchen, mit denen die Sonne die Erde ständig bombardiert.

Auch die Sonne hat ein Magnetfeld, das aber auf dem Großteil der Sonnenoberfläche nur wenige Male stärker ist als das der Erde. Die Sonnenflecken kennzeichnen jedoch kleine Regionen mit einem sehr starken Magnetismus, wo das Feld mehr als tausendmal stärker als im Durchschnitt ist. Gelegentlich ändern diese Magnetfelder abrupt ihre Form und richten sich neu aus. Mit dieser Neuausrichtung geht eine explosive Freisetzung von Energie einher, was dramatische Ereignisse wie Sonneneruptionen verursacht. Ein spektakuläres Beispiel einer solchen Eruption fand am 30. März 2010 statt. Innerhalb von Minuten wurde ein sich schnell ausdehnender magnetischer Ring heißen Gases mehr als 200.000 km über die Sonnenoberfläche hinausgestoßen, der schließlich aufbrach und Sonnenmaterie ins Weltall pustete.

Wir sehen oft das Resultat von Sonneneruptionen auf anderen Sternen, was uns zeigt, dass auch diese über Magnetismus verfügen. Das möglicherweise spektakulärste Ereignis dieser Art geschah am 5. Januar 2009 in einem schwachen Roten Zwerg (siehe Kap. 4 und 7) namens „YZ Canis Minoris“. Innerhalb von nur 10 Minuten wurde dieser Stern um einen Faktor 200 heller, bevor er in den nächsten 10 h langsam wieder auf seine normale Helligkeit abfiel. Die magnetischen Felder, die für diese Art dramatischer Aktivitäten auf den Oberflächen solcher „Flare-Sterne" (oder „Flackersterne") verantwortlich sind, können 3000–4000 Gauß betragen.

Bei einer besonderen Kategorie von Sternen, die als „Ap-Sterne" bezeichnet werden, ist der Magnetismus noch stärker. 1960 überraschte der Amerikaner Horace Babcock seine Fachkollegen, als er über Messungen des magnetischen Felds an der Oberfläche des Ap-Sterns „HD 215441" mit einer Stärke von mehr als 34.000 Gauß berichtete! Viele andere Ap-Sterne mit starken Magnetfeldern sind seither identifiziert worden, aber HD 215441 hält immer noch den Rekord: Es ist der magnetischste normale Stern, der je entdeckt wurde. Wissenschaftler nennen HD 215441 zu Ehren dieser Entdeckung nun allgemein „Babcocks Stern".

34.000 Gauß mögen nun nach einem starken Magneten klingen, aber es ist ein magnetisches Feld, das die meisten Menschen unbeschadet überstehen können. Vielleicht haben Sie ja schon eine Magnetresonanztomographie (MRT) bei sich durchführen lassen, ein bildgebendes Verfahren in der medizinischen Diagnostik: Bei diesem Verfahren werden routinemäßig Magnetfelder zwischen 10.000 und 30.000 Gauß verwendet, bei neuen Ultra-High-Field-MRI-Geräten auch über 70.000 Gauß.

Für Laborexperimente haben Physiker noch viel stärkere Magnete gebaut. Der Weltrekord gehört dem „Tesla Hybrid Magnet" der Florida State University, der ein Magnetfeld bis zu 450.000 Gauß erzeugen kann. Der Tesla Hybrid ist kein riesiger Klumpen aus Eisen, sondern ein Elektromagnet, in dem elektrische Ströme das Magnetfeld erzeugen und der an- und ausgeschaltet werden kann. Damit der Tesla Hybrid funktioniert, muss er auf einer Temperatur von –271 °C gehalten werden, womit er fast so kalt ist wie der Bumerang-Nebel aus Kap. 2. Die Anlage benötigt 33 MW Elektrizität.

Für kurze Zeit können noch höhere Magnetfelder erzeugt werden. Der „Multi-Shot Magnet" in Los Alamos in den USA erzeugt kurze, extreme magnetische Pulse. Sein aktueller Rekord steht bei 889.000 Gauß, die er allerdings für nur 15 ms aufrechterhalten konnte. Es gibt Pläne, mit dem Multi-Shot in naher Zukunft die Marke von 1.000.000 Gauß zu durchbrechen. Und schließlich haben Wissenschaftler in Russland ein Experiment namens „MC-1" unternommen, bei dem sie mit dem Einsatz von 170 kg hochexplosivem Sprengstoff für einige Millisekunden ein Magnetfeld von 28 Mio. Gauß erreichten. Dies war jedoch unweigerlich ein Einweg-Magnet – anschließend war von den Geräten nicht mehr viel übrig!

Das von MC-1 erzeugte Magnetfeld war fast 1000 Mal stärker als das von Babcocks Stern. Es scheint also auf den ersten Blick, dass zumindest was Magnete anbelangt die Menschen den Rest des Kosmos übertreffen. Nicht ganz.

Was würde geschehen, wenn Babcocks Stern irgendwie schrumpft? Das Schrumpfen eines Sterns intensiviert seinen Magnetismus erheblich, denn das magnetische Feld an der Oberfläche wächst umgekehrt zum Quadrat des Durchmessers des Sterns an, sodass das Magnetfeld von Babcocks Stern um einen Faktor vier anwachsen würde, wenn er auf die Hälfte seiner Größe kollabiert.

Das ist kein abstruses Szenario, denn wie wir schon wissen, schrumpfen Sterne tatsächlich, wenn sich ihr Brennstoffvorrat erschöpft. Wie wir in Kap. 2 gesehen haben, wird die Sonne in etwa 5 Mrd. Jahren den gesamten Vorrat an Wasserstoff und Helium in ihrem Kern aufgebraucht haben. Ohne die Wärme und den Druck der Kernfusion werden ihre Zentralregionen dann unter ihrer eigenen Schwerkraft kollabieren, während die äußeren Schichten in den Weltraum wegfliegen und einen planetarischen Nebel bilden. Der kollabierende Kern der Sonne wird weiter schrumpfen bis er nur noch einen Durchmesser von 15.000–20.000 km hat – nicht viel mehr als die Erde. Der neu entstandene Weiße Zwerg, der auf diese geringe Größe geschrumpft ist, wird ein immens viel stärkeres Magnetfeld an seiner Oberfläche haben, als die Sonne jemals erhoffen konnte.

Wie magnetisch können Weiße Zwerge werden? Der aktuelle Rekord geht an den Weißen Zwerg „PG 1031+234" im Sternbild Löwe, dessen Oberflächenmagnetfeld an manchen Stellen 1 Mrd. Gauß erreicht! Das ist fast 40 Mal mehr als bei dem Magnetfeld, das MC-1 in Russland erreichte. Und während MC-1 sein magnetisches Feld nur für einige Millisekunden aufrechterhalten konnte, hält PG 1031+234 seinen viel stärkeren Magnetismus nun bequem seit unfassbar vielen Millionen Jahren.

Kann es noch magnetischer zugehen? Oh ja.

In den Kap. 4 und 6 sprachen wir über Neutronensterne. So wie ein Weißer Zwerg der kleine, kollabierte Kern ist, den ein Stern wie die Sonne hinterlässt, so ist ein Neutronenstern ein noch kleinerer und dichterer Überrest, der zurückbleibt, wenn ein viel massereicherer Stern sein Leben in einer Supernova beendet.

Neutronensterne sind in fast jeder Hinsicht extrem: Sie haben einen Durchmesser von nur 25 km und können sich viele hundert Mal pro Sekunde drehen (siehe Kap. 4). Da sie das Ergebnis des Kollabierens eines sehr großen Sterns sind, intensiviert dieser Vorgang ihren Magnetismus in einem sagenhaften Ausmaß.

Wie ich in Kap. 4 erklärt habe, manifestieren sich viele Neutronensterne als Pulsare, von denen wir bei jeder Umdrehung einen Puls von Radiowellen empfangen, wenn ihr Strahl wie der eines Leuchtturms durch den Himmel kreist. Die Geschwindigkeit, mit der ein Pulsar rotiert, ist nicht ganz konstant. Sorgfältige Messungen haben ergeben, dass all diese Sterne ganz allmählich etwas langsamer werden. Wir glauben, dass es zu dieser Verlangsamung kommt, weil die Pulsare rotierende, super-starke Magneten sind. Wie ein rotierender Magnet in einem Dynamo elektrischen Strom erzeugen kann, erzeugt ein sich drehender Pulsar elektrische Ströme in seiner Umgebung und verbraucht dabei einen Teil seiner Rotationsenergie. Wir können daher das Oberflächenmagnetfeld eines jeden Pulsars berechnen, wenn wir wissen, wie schnell er sich dreht und mit welcher Rate er langsamer wird.

Mit dieser Technik kommt man schnell zum Ergebnis, dass selbst ein durchschnittlicher Pulsar ein unvorstellbar starkes Magnetfeld besitzt. Der magnetischste bis jetzt entdeckte Pulsar namens „PSR J1847-0130“ hat ein Oberflächenmagnetfeld von 100 Billionen Gauß! Das ist 100.000 Mal mehr als beim Weißen Zwerg PG 1031+234 oder 3 Mrd. Mal mehr als bei Babcocks Stern.

Aber auch das ist noch nicht der letzte Schrei. Der ultimative Titel für die stärksten Magneten im Universum geht an eine extrem seltene Spezies von Neutronensternen, die als „Magnetare“ bezeichnet werden. Sie sind so selten, dass es unter den 2200 bekannten Pulsaren nur etwa 25 von ihnen gibt.

Die Entdeckung der Magnetare ist eine wunderbare Detektivgeschichte.

Sie begann mit einem Knall um 16:51 Uhr Mitteleuropäischer Zeit am Montag, dem 5. März 1979, als ein dramatischer Puls hochenergetischer Gammastrahlen auf alle Raumsonden im Sonnensystem traf. (Die Erdatmosphäre schützte uns am Boden vor der schädlichen Strahlung.)

Dieser Energieausbruch kam zu geringfügig unterschiedlichen Zeiten bei den verschiedenen Raumsonden an. Die relativen Zeitverzögerungen erlaubten es den Astronomen, per Triangulation den Ort am Himmel zu bestimmen, wo die Quelle dieses seltsamen Ereignisses zu finden war: Sie lag im Sternbild Schwertfisch und war vermutlich ein Objekt in der Großen Magellanschen Wolke, unserer Nachbargalaxie in 170.000 Lichtjahren Entfernung.

Dieser Ausbruch von Gammastrahlen blieb für viele Jahre ein Rätsel. (Ich erinnere mich noch, als Teenager ein Buch über ungelöste Probleme in der Astronomie gelesen zu haben, in dem das „März-1979-Ereignis“ eine große Rolle spielte.) Alle möglichen seltsamen und wunderbaren Ideen wurden als Erklärung angeboten, aber diejenige, die sich schließlich als richtig herausstellte, war eine Theorie, die Mitte 1992 fast gleichzeitig von Vladimir Usov, Bohdan Paczyński sowie gemeinsam von Robert Duncan und Chris Thompson vorgeschlagen wurde. Alle drei Gruppen schlugen vor, dass ein Neutronenstern mit einem absurd starken Magnetfeld, noch stärker als bei den magnetischsten uns bekannten Pulsaren, möglicherweise diesen seltsamen Gammastrahlenblitz erzeugt haben könnte. Besonders

Duncan und Thompson waren so überzeugt von ihrer Theorie, dass sie im zweiten Satz ihrer Veröffentlichung verkündeten, diese hypothetischen super-magnetischen Sterne sollten von nun an „Magnetare" genannt werden. (Der Name blieb auf jeden Fall hängen, und der Magnetar wird nun beispielsweise im *Brockhaus* als „ein schnell rotierender Neutronenstern mit einem ungefähr tausendmal so starken Magnetfeld wie bei einem normalen Neutronenstern (Pulsar)" definiert.)

Die wunderbare Idee der Magnetare blieb unbewiesen, bis im November 1996 ein Team unter Führung der griechisch-amerikanischen Astronomin Chryssa Kouveliotou eine detaillierte Untersuchung eines ungewöhnlichen Sterns namens „SGR 1806-20" durchführte. Kouveliotou und ihre Kollegen entdeckten, dass SGR 1806-20 ein sich drehender, pulsierender Neutronenstern ist. Aber war er einfach ein weiterer Pulsar? Absolut nicht.

Erstens drehte sich SGR 1806-20 viel langsamer als ein typischer Pulsar: Seine regelmäßigen Pulse zeigten, dass er 7,5 Sekunden benötigte, um sich einmal um seine Achse zu drehen. Das ist mehr als 10.000 Mal schneller als die Erdrotation, aber es ist ausgesprochen lahm verglichen mit den meisten Pulsaren (siehe Kap. 4). Zweitens nahm die Drehzahl dieses Objekts 100 Mal schneller ab als bei jedem anderen Pulsar. Die klare Schlussfolgerung war, dass SGR 1806-20 wie ein Pulsar ein rotierender Magnet ist und sich auch bei seiner Geburt wahrscheinlich so schnell gedreht hatte wie ein Pulsar. Seine viel rapidere Verlangsamung musste jedoch auf ein viel stärkeres Magnetfeld zurückzuführen sein. Wie stark? Das Oberflächenmagnetfeld von SGR 1806-20 beträgt mehr als 1000 Billionen Gauß!

Seit dieser Entdeckung sind Magnetare mehr als nur eine schlaue Idee: Es gibt sie ganz real. Seither wurden noch etwa 20 weitere Magnetare gefunden, die alle Oberflächenmagnetfelder von Hunderten Billionen Gauß aufweisen. Aber SGR 1806-20 hält immer noch locker den Titel als stärkster bekannter Magnet im Universum.

Es bedarf keiner Erwähnung, dass man sich einen solch starken Magneten schwerlich vorstellen kann. SGR 1806-20 ist so stark, dass auf der Erde eine Navigation mit dem Kompass schon unmöglich würde, wenn er sich in einer Entfernung von 1.000.000 km (fast dreimal die Entfernung zum Mond) befände. Sein Magnetismus würde das Magnetfeld der Erde überdecken. Bei einer Entfernung von 100.000 km würde das Magnetfeld von SGR 1806-20 jede Kreditkarte und Festplatte auf dem Planeten löschen. Und bei einer Entfernung von 15.000 km wäre das Magnetfeld des Sterns tödlich: Es wäre so intensiv, dass es die elektrischen Nervenreize, die unser Herz schlagen lassen, stören würde.

Zum Glück ist SGR 1806-20 mehr als 30.000 Lichtjahre entfernt und kann daher diese Wirkungen nicht entfalten! Der Magnetismus von SGR 1806-20 ist jedoch so stark, dass er selbst auf diese ungeheure Entfernung die Erde auf andere, kleine, aber messbare Weise direkt beeinflussen kann.

Wie ich oben erwähnt habe, kommt es auf der Sonne zu Eruptionen, wenn das Magnetfeld auf ihrer Oberfläche plötzlich seine Ausrichtung ändert und in eine neue Anordnung umschlägt. Das gleiche kann auch etwa einmal alle hundert Jahre auf einem Magnetar geschehen. Da in diesem Fall die Stärke des Magnets viel, viel höher ist, sind auch die

Folgen weit dramatischer: Es gibt eine gewaltige Explosion von Strahlung und Energie. Die Astronomen glauben nun, dass das Ereignis vom 5. März 1979 ein solcher gewaltiger Strahlungsausbruch, ein „Giant Flare", eines Magnetars war, der heute als „SGR 0526-66" bezeichnet wird. Und am 27. August 1998 suchte ein weiterer Giant Flare das Sonnensystem heim, diesmal von einem Magnetar namens „SGR 1900+14".

Aber der größte Strahlungsausbruch sollte erst noch kommen!

Am 27. Dezember 2004 war SGR 1806-20, der magnetischste aller Sterne, an der Reihe, uns zu zeigen, wozu er in der Lage ist. Um 22:30 Uhr Mitteleuropäischer Zeit wurden Hunderte von Satelliten und Raumfahrzeugen, die sich teils auf Umlaufbahnen um die Erde befanden, teils im Sonnensystem verteilt waren, für 0,6 Sekunden von einem Gammablitz völlig überwältigt, dessen Intensität 10.000 Mal so hoch war wie die des ersten gewaltigen Strahlungsausbruchs 1979! Abgesehen von Ereignissen, die von der Sonne ausgingen, war dies mit Abstand der stärkste Strahlungsausbruch eines Himmelskörpers, der je aufgezeichnet wurde. Er war so stark, dass ein Satellit sogar einen zweiten Gammablitz 2,6 Sekunden nach dem ersten verzeichnete, der ein vom Mond reflektiertes Echo des ursprünglichen Signals war.

Ich hatte das Glück, einer der Astronomen auf den Logensitzen zu sein, als dieses unglaubliche Ereignis geschah. Ich leitete damals ein Team, das eine Flotte von über den Erdball verteilten Radioteleskopen verwendete, um die faszinierenden Folgeerscheinungen dieser spektakulären, magnetisch angetriebenen Explosion zu untersuchen. Wir sahen anschließend, dass etwa 10 Mrd. Mrd. t Materie (etwa die Masse von Pluto) von der Oberfläche des Neutronensterns mit etwa 50 % der Lichtgeschwindigkeit weggesprengt worden waren. Etliche Jahre später ist die leuchtende Wolke von Bruchstücken, die sich weiterhin ausdehnt und abschwächt, mit unseren leistungsstärksten Teleskopen immer noch gerade nachweisbar.

Die Energie des riesigen Strahlungsausbruchs von SGR 1806-20 war atemberaubend. In nur einem Bruchteil einer Sekunde setzte SGR 1806-20 mehr Wärme und Licht frei als unsere Sonne in 150.000 Jahren. Oder um es anders auszudrücken: Für 0,6 Sekunden schien SGR 1806-20 um mehr als einen Faktor 1000 heller als die ganze Milchstraße!

An diesem Ereignis war neben der extremen Intensität bemerkenswert, dass es einen messbaren Effekt auf die Erde hatte. Wir gehen normalerweise nicht in Deckung, wenn eine ferne Supernova explodiert, und bereiten uns nicht auf einen Einschlag vor, wenn wir zwei Galaxien auf Kollisionskurs sehen. Aber im Fall von SGR 1806-20 hatte dieser kleine Magnetar über Zehntausende von Lichtjahren hinweg Auswirkungen und klopfte der Erde gegen die Schulter: Der gewaltige Gammablitz von SGR 1806-20 verursachte massive Störungen in der Ionosphäre der Erde, beeinträchtigte das Funkverkehrssystem, das die U-Boot-Flotte der US Navy nutzte und veränderte sogar die Stärke des Magnetfelds der Erde ein wenig.

Nach weniger als einer Stunde kehrte alles wieder ohne bleibende Schäden zur Normalität zurück. Nichtsdestotrotz war diese Episode eine eindrucksvolle Erinnerung an die kolossale Gewalt und Energie des Kosmos und zeigte uns, dass wir nicht immer nur weit entfernte, unbeteiligte

Beobachter sein können. Selbst aus einer Entfernung von 30.000 Lichtjahren kann sich der stärkste Magnet des Universums hier bei uns bemerkbar machen.

Hochspannungs-Rock'n Roll

Wir sind umgeben von Hochspannung. Wir alle haben schon einen Schlag durch statische Elektrizität bekommen, wenn wir an einem trockenen Tag einen Türknopf drehen oder in ein Auto einsteigen. Solche Schläge sind harmlos, da nur winzige Mengen Strom fließen. Doch die beteiligten Spannungen können überraschend hoch sein, es sind gewöhnlich mehrere tausend Volt.

Die Van-de-Graaff-Generatoren, die in den Wissenschaftsmuseen auf der ganzen Welt ausgestellt werden, erreichen ohne Weiteres noch weit höhere Spannungen – 1.000.000 V und mehr. Wenn Sie mit einer so hohen Spannung in Berührung kommen, laden Sie sich mit so viel statischer Elektrizität auf, dass Ihnen die Haare zu Berge stehen. Aber bei richtiger Anwendung besteht auch hier keine Verletzungs- oder gar Lebensgefahr, da die fließenden Ströme winzig sind.

Die Maschine, die die höchste Spannung erzeugen kann, ist die „Holifield Radioactive Ion Beam Facility" (HRIBF), eine riesige Experimentieranordnung der Atomphysiker in Oak Ridge, Tennessee. Im Normalbetrieb arbeitet HRIBF mit einer Spannung von 25 Mio. V. Im Mai 1979, als die Anlage getestet wurde, erreichte sie sogar eine Spannung von 32 Mio. V.

Nimmt man die Natur zum Maßstab, ist das nicht sehr beeindruckend. Selbst ohne die Erde verlassen zu müssen, finden wir Beispiele, die HRIBF übertreffen: Ein typischer Blitz hat 100 Mio. V, wobei auch schon Blitze mit mehr als einer Milliarde Volt beobachtet wurden. (Es gilt: Je länger die Strecke des Blitzes ist, umso höher ist die Spannung.) Aber im Weltraum sind die Spannungen noch viel höher.

Die ultimativen Taschendynamos sind die Pulsare, die rotierenden himmlischen Magnete, die wir oben diskutiert haben. Um zu verstehen, wie ein Pulsar enorme Spannungen erzeugt, schauen wir für einen Moment zurück auf die Arbeit des großen englischen Physikers Michael Faraday. 1831 erdachte Faraday eine Maschine, die als „Unipolarmaschine" bezeichnet wird. In ihr dreht sich eine Kupferscheibe, über und unter der Magnete angebracht sind. Das Drehen erzeugt eine Spannung zwischen dem Mittelpunkt der Scheibe und ihrem Rand. Diese bahnbrechende Erfindung demonstrierte, dass mechanische Bewegung in Elektrizität verwandelt werden kann und war der Vorläufer elektrischer Generatoren, die uns heutzutage mit Strom versorgen.

Die Oberfläche eines Pulsars besteht aus leitender Materie und hat damit Eigenschaften wie eine Kupferscheibe, während das Magnetfeld an seiner Oberfläche ungeheuer groß ist, wie wir gesehen haben. Da der Pulsar wie wild rotiert, wirkt seine Oberfläche wie eine natürlich vorkommende Unipolarmaschine, allerdings mit Spannungen, die unvorstellbar höher sind als alles, was Herr Faraday je im Sinn hatte.

Die Spannung, die ein Pulsar erzeugt, ist zu zwei Dingen proportional: zur Stärke des Magnetfelds und zum Quadrat der Rotationsrate des Sterns. Da diese beiden Faktoren zusammenspielen, haben einige der spektakulären Neutronensterne, denen wir zuvor begegnet sind, keine so hohe Spannung, wie man vielleicht annehmen könnte. SGR 1806-20, der Magnetar mit seinem Oberflächenmagnetfeld von 1000 Billionen Gauß, dreht sich zu langsam, um eine extrem hohe Spannung zu erzeugen. Und PSR J1748-2446ad, der Pulsar aus Kap. 4, der sich 716 Mal pro Sekunde dreht, hat ein Magnetfeld, das zu schwach ist. Um die höchste Spannung zu finden, müssen wir uns „PSR J0537-6910", einem jungen Pulsar, zuwenden, der sich 62 Mal pro Sekunde dreht und ein Oberflächenmagnetfeld von 925 Mrd. Gauß hat. Mit seiner schnellen Rotation und dem starken Magnetfeld erzeugt PSR J0537-6910 eine Spannung von etwa 38.000 Billionen V! Ein Blitz mit dieser Spannung könnte etwa 4 Mrd. km lang sein, was der Entfernung der Erde von Neptun entspricht.

Aber was Spannungen betrifft, werden Pulsare von den Meistern des Extremen übertroffen: von supermassereichen Schwarzen Löchern.

Wie wir in den Kap. 6 bis 8 gesehen haben, befinden sich in den Zentren der meisten Galaxien (einschließlich der Milchstraße) gigantische Schwarze Löcher. Ein typisches supermassereiches Schwarzes Loch wiegt 100 Mio. Mal so viel wie die Sonne und misst etwa 150 Mio. km im Durchmesser. In Kap. 6 haben wir diskutiert, wie in ein solches Schwarzes Loch ständig superaufgeheiztes Gas spiralförmig hineinströmt, ähnlich wie Wasser in einen Abfluss. Es ist nicht überraschend, dass auch diese Gaswolken, wie fast alles andere im Universum, magnetisch sind.

Aber ein wesentlicher zusätzlicher Teil der Geschichte ist, dass wir auch von den Schwarzen Löchern wissen, dass sie sich drehen: Ein typisches supermassereiches Schwarzes Loch rotiert etwa alle 2 h um seine Achse. 1977 veröffentlichten die Astronomen Roger Blandford und Roman Znajek eine bahnbrechende Berechnung, mit der sie zeigten, dass ein rotierendes Schwarzes Loch, das ständig mit heißem, magnetischem Gas genährt wird, einen riesigen elektrischen Stromkreis bildet. Während das Schwarze Loch rotiert, fließen Ströme aus dem Äquator des Schwarzen Lochs durch das umgebende Gas und dann zurück zu seinem Pol. Wie ein gewaltiger Dynamo kann ein sich drehendes Schwarzes Loch Elektrizität erzeugen. Und aufgrund der riesigen beteiligten Masse ist die Spannung atemberaubend: Sie beträgt etwa 10 Mio. Billionen V.

Fast alle denken bei Schwarzen Löchern an die starke Gravitation (siehe Kap. 10): Alles, was dem Schwarzen Loch zu nahe kommt, läuft Gefahr, hineingesaugt zu werden und nie wieder zurückzukommen. Aber wenn Sie sich das nächste Mal entscheiden, ein rotierendes supermassereiches Schwarzes Loch zu besuchen, machen Sie einen schweren Fehler, falls Sie sich nur vor der Schwerkraft in Acht nehmen. Selbst wenn Sie sich weit außerhalb des Bereichs befinden, in dem die Schwerkraft des Schwarzen Lochs zum Problem wird, sorgt die extreme elektrische Spannung des Lochs und seiner Umgebung dafür, dass Ihr Besuch elektrisierend sein wird.

Der längste aller Blitze

Die paar tausend Volt Spannung des elektrischen Schlags von einer Autotür sind recht harmlos, aber mit der Stromstärke sieht es ganz anders aus. Schon ein Strom von nur 0,1 A kann tödlich sein. Das Universum erzeugt routinemäßig Ströme mit einer Stärke, die weit über diese Grenze hinausgeht: Der Kosmos ist kein sicherer Ort für empfindliche Menschen!

Hier auf der Erde beträgt die Stromstärke bei einem typischen Blitzschlag zwischen 20.000 und 50.000 A, während in den Polarlichtern über dem Nord- und Südpol der Erde Ströme von etwa 1.000.000 A fließen. Das mag eindrucksvoll klingen, liegt jedoch deutlich unter dem stärksten Strom, der je auf unserem Heimatplaneten geflossen ist. Dieser Rekord wurde an den Sandia National Laboratories in Albuquerque, New Mexico, von einem Gerät namens „Z-Maschine" aufgestellt. Die Z-Maschine erzeugt extreme Temperaturen und einen extremen Druck, indem sie kurze, aber starke elektrische Pulse durch winzige Wolframdrähte feuert. Ende 2007 stellte die Z-Maschine einen neuen Rekord auf: Sie erreichte eine Stromstärke von 26 Mio. A, wenn auch nur für etwa eine zehntel Mikrosekunde. In Zukunft sollten die Z-Maschine und ähnliche Geräte in der Lage sein, Ströme von bis zu 70 Mio. A zu erzeugen.

Wenn wir uns jedoch von der Erde wegbewegen, gibt es Ströme, die selbst das übertreffen, was wir in unseren leistungsstärksten Experimenten erreichen können. Auf der Sonne sind aktive Regionen wie Sonnenflecken der Ort gewaltiger Magnetfelder und Ströme. In einem typischen

Sonnenfleck, der eine Woche Bestand hat, fließt Strom mit der Stärke von etwa einer Billion Ampere. Das ist etwa 40.000 Mal mehr als der Strom, den die Z-Maschine erzeugt, und der Strom hält etwa 6 Billionen Mal länger an.

Wir haben weiter oben gesehen, dass Pulsare kolossale Spannungen erzeugen, mit denen enorme Stromstärken einhergehen. Der Pulsar PSR J0537-6910 mit seiner wahnsinnigen Rotationsrate und seiner Spannung von 38.000 Billionen V erzeugt einen Strom von etwa 1000 Billionen A. Diese Energieabgabe entspricht der Detonation von 10.000.000.000.000.000 Atombomben pro Sekunde mit einer Sprengkraft von je einer Megatonne TNT! Es ist nicht überraschend, dass diese riesige elektrische Entladung eine prächtige Light-Show bietet. Viele der energiereichsten Pulsare sind in gewaltige Polarlichter eingetaucht, was spektakulär leuchtende Nebel mit Durchmessern von mehreren Lichtjahren zur Folge hat.

Aber wieder einmal haben supermassereiche Schwarze Löcher das letzte Wort. Schwarze Löcher schlingen nicht alles runter, was in ihre Nähe kommt. Der tiefe Bass-Ton von Abell 426, den wir in Kap. 8 diskutiert haben, wird von Materie angetrieben, die auf den Schlund eines supermassereichen Schwarzes Loch zustrudelt, dann jedoch in einem Paar gegenüber liegender enger Jets mit nahezu Lichtgeschwindigkeit hinaus in den Weltraum geschleudert wird.

Während die Jets im Fall von Abell 426 die Gasschwingungen mit ihrem tiefen, ohrenbetäubenden Ton erzeugen, können sich solche Jets bei vielen anderen supermassereichen Schwarzen Löchern ungestört bis zu einer Größe von Millionen Lichtjahren ausbreiten, bevor sie plötzlich auf eine arglose Wolke intergalaktischen Gases stoßen. Der Zusammenstoß heizt diese Gaswolke auf und lässt sie hell mit Licht im Radiowellenbereich scheinen.

Die Objekte, die so entstehen, werden als „Radiogalaxien" bezeichnet und gehören zu den gewaltigsten und energiereichsten Monstern im Universum. Die nächste, „Centaurus A" im Sternbild Zentaur, erstreckt sich über das Sechzehnfache des Durchmessers des Vollmonds über den Himmel, obwohl sie mehr als 12 Mio. Lichtjahre entfernt ist.

Die elektrische Stromstärke gibt einfach an, mit welcher Rate Elektronen durch einen Draht fließen. Die Jets, die Radiogalaxien antreiben, sind die ultimativen himmlischen Stromleitungen, durch die eine gigantische Anzahl von Elektronen fließt. Die sich daraus ergebenden enormen Ströme tragen wesentlich dazu bei, dass diese Jets so lang und so gerade sind. Wären sie nicht elektrisch aufgeladen, würden sie sich krümmen und biegen und hätten keinen annähernd so spektakulären Auftritt.

Um wie viel Elektrizität handelt es sich? Die Jets in Radiogalaxien sind die Quelle des stärksten beobachteten Stroms im Universum, dessen Stärke typischerweise in der Gegend von 1 Mio. Billionen A liegt. Ihre Energieabgabe ist so groß, dass eine Radiogalaxie in einer Millisekunde genug Elektrizität bereitstellt, um den Energiebedarf der ganzen Menschheit für die nächsten 20 Billionen Jahre abzudecken! Wenn wir jemals unsere Treibstoff- und Stromvorräte hier auf der Erde aufbrauchen, können Radiogalaxien mit Sicherheit das Defizit ausgleichen.

10
Leichtgewichte und Schwergewichte: Extreme der Schwerkraft

Wie Isaac Newton auf so geniale Weise erkannte, fällt ein Apfel aus dem gleichen Grund auf den Boden, aus dem der Mond um die Erde kreist: wegen der Schwerkraft.

Die Schwerkraft ist die wahrhaft *universelle* Kraft: *Jedes* Materieteilchen im Kosmos übt eine gravitative Anziehung auf *jedes* andere Teilchen aus. Auch wenn die Schwerkraft, mit der die Erde Sie nach unten zieht, die einzige Gravitation ist, die Sie im Moment spüren, ziehen auch die Menschen und Objekte in ihrer Umgebung mit ihren eigenen winzigen Schwerkräften an Ihnen, ebenso wie jeder Planet, jeder Stern und jede Galaxie im ganzen Universum.

Die Schwerkraft wirkt zwar universell, aber sie ist überraschend schwach. Das kann man einfach demonstrieren, indem man einen kleinen Magneten an eine Büroklammer hält und diese in die Luft hebt. Die Kraft des kleinen Magneten übertrifft die gravitative Anziehung des ganzen Planeten Erde. Der Hauptunterschied der beiden Kräfte ist, dass der Magnetismus im Allgemeinen keine sehr große Reichweite hat, wogegen die Schwerkraft allgegenwärtig ist. Gegen die Schwerkraft kann man sich nicht abschirmen, man kann sich vor ihr nicht verstecken, und man kann sie nicht eliminieren. Alles im Universum ist der gravitativen Anziehung von allem anderen ausgesetzt.

Diese Tatsache wird in der Struktur des Kosmos deutlich: Planeten umkreisen Sterne. Sterne kreisen um die Zentren von Galaxien. Galaxien verfolgen in Galaxienhaufen komplizierte Umlaufbahnen. Fast alle Vorgänge, die wir im Universum sehen, werden letzten Endes durch die Gravitation in Gang gesetzt und am Laufen gehalten.

Je nachdem, wo man sich befindet, äußert sich die Schwerkraft jedoch auf unterschiedliche Weise.

Wenn ein massereicher Körper Sie mit seiner Schwerkraft auf seiner Oberfläche hält, wie die Erde das mit uns allen tut, nehmen Sie die gravitative Anziehung als Ihr Gewicht wahr. Es ist jedoch wichtig zu verstehen, dass es unmöglich ist, die Schwerkraft direkt zu spüren. Was Sie als Gewicht empfinden, ist nicht die Gravitation der Erde, die nach unten zieht, sondern der Stuhl, auf dem Sie sitzen, oder der Boden, auf dem Sie stehen, der Sie nach oben drückt. Die Erde versucht, Sie in Richtung ihres Mittelpunkts zu ziehen, aber der Stuhl oder der Boden üben ihre eigene Kraft aus. Sie ist von gleicher Größe wie die Kraft, die Sie an ihrem Platz festhält, wirkt aber in entgegengesetzter Richtung. Es ist der Widerstand gegenüber der gravitativen Anziehung, den Sie als Gewicht spüren, nicht die Schwerkraft selbst.

Das Gewicht, das Sie erfahren, wenn Sie auf einem Planeten oder einem anderen Objekt im Weltraum stehen, hängt von der Masse und dem Durchmesser dieses Objekts ab. Der Mond hat zum Beispiel ein Achtzigstel der Masse der Erde und 27 % ihres Durchmessers. Durch die Kombination dieser beiden Effekte beträgt Ihr Gewicht auf dem Mond nur etwa ein Sechstel Ihres Gewichts auf der Erde.

Aber was ist, wenn Sie nicht auf der Oberfläche eines Planeten oder eines anderen massiven Körpers stehen, sondern einfach der gravitativen Anziehung folgend durch den Weltraum fallen oder treiben? Astronauten auf der Internationalen Raumstation sind in genau dieser Situation, wenn sie die Erde alle 90 Minuten umrunden. Wir alle haben Videoaufnahmen vom Leben in der Raumstation gesehen: Bleistifte, Ausrüstung und selbst die Astronauten schweben durch die Kapsel, sofern sie nicht festgebunden sind. Im allgemeinen Sprachgebrauch wird diese Situation gewöhnlich als Schwerelosigkeit bezeichnet. Aus physikalischer Sicht ist dies jedoch nicht korrekt.

Sie mögen vielleicht denken, die Astronauten schweben, weil sie weit von der Erde entfernt sind und die Schwerkraft schwächer ist. Die Astronauten kreisen in etwa 340 km Höhe über der Erde, die gravitative Anziehung, die sie erfahren, ist also in der Tat geringer als auf der Erdoberfläche. Aber dieser Effekt ist nur bescheiden: In einer solchen Höhe ist die gravitative Anziehung der Erde nur um etwa 10 % geringer als auf Meereshöhe. Die Raumstation ist sicherlich nicht weit genug von der Erde entfernt, als dass die dort erfahrene Schwerkraft auf ein so kleines Maß fiele, dass man dies als „zero gravity" ansehen könnte.

Was geht hier also vor?

Astronauten in der Raumstation sind fest im Griff der Schwerkraft, weil sie die Erde umkreisen. Es ist ganz klar die Schwerkraft, die sie auf der Umlaufbahn hält, ohne sie würde die Raumstation samt Inhalt von der Erde weg in den tiefen Weltraum treiben. Da sich die Astronauten jedoch im „freien Fall" befinden, statt auf der Oberfläche der Erde zu stehen, gibt es nichts, was der gravitativen Anziehung entgegenwirkt, nichts was gegen sie drückt und sie an ihrem Ort hält. Ohne diese entgegenwirkende Kraft (in der Physik als „Normalkraft" bezeichnet) verschwindet das Gefühl von Gewicht und alles schwebt. Astronauten erfahren durchaus „Schwerelosigkeit", aber nicht „zero gravity".

Schwerelosigkeit hat also nichts damit zu tun, wie weit man von der Erdoberfläche entfernt ist oder wie schnell man die Erde umkreist. Alles, was man tun muss, um sich schwerelos zu fühlen, ist, sich in den freien Fall zu begeben. Wenn man von einem hohen Sprungbrett springt, ist man für die paar Sekunden, bis man ins Wasser eintaucht, so schwerelos wie jeder Astronaut.

Um Extreme der Schwerkraft im Universum zu betrachten, müssen wir entscheiden, wie wir die Schwerkraft eines Objekts beschreiben. Hat etwas eine feste, tragfähige Oberfläche, kann man die Schwerkraft des Objekts direkt durch das Gewicht messen, das man spürt, wenn man auf dem Objekt steht. Befindet man sich aber auf einer Umlaufbahn um das Objekt, statt auf seiner Oberfläche zu stehen, oder ist das Objekt eine Gaswolke oder eine Galaxie, die überhaupt keine wohldefinierte Oberfläche hat, wird man schwerelos, gleichgültig, wie stark die gravitative Anziehung des Objekts ist. In diesem Fall können wir die Stärke der Schwerkraft beschreiben, indem wir angeben, wie schnell etwas fällt, wenn man es loslässt. Lässt man zum Beispiel auf der Erde einen Stein in einen tiefen Brunnen fallen, fällt er viel schneller als auf dem Mond. Auch ein Lichtjahr von einer großen Gaswolke entfernt macht die Vorstellung des Experiments, einen Stein loszulassen und zu messen, wie schnell er in Richtung Wolke fliegt, noch Sinn.

Hier ist anzumerken, dass dieses hypothetische Experiment nur dann Sinn macht, wenn man relativ zur Wolke irgendwie stationär schwebt und sich nicht bewegt, also die Wolke auch nicht umkreist. Lehnt sich eine Astronautin auf der Raumstation aus der Luke und lässt einen Stein los, wird er nirgendwohin fallen, sondern aus Sicht der Astronautin im Raum schweben und genau dort verharren, wo er losgelassen wurde. Das liegt daran, dass sowohl die Astronautin als auch der Stein schon die Erde umkreisten, bevor die Astronautin den Stein losließ. Wird der Stein nicht mehr festgehalten, ändert sich nichts: Der Stein und die Astronautin folgen weiterhin parallelen Bahnen um die Erde, und aus Sicht der Astronautin bleibt der Stein, wo er ist. Oder um es anders auszudrücken: Die Astronautin fiel bereits, und ob sie den Stein festhält oder loslässt, spielt keine Rolle, er fällt mit der gleichen Geschwindigkeit.

Aber stellen wir uns nun vor, die Astronautin könnte mit Hilfe eines Raketenrucksacks auf ihrer Umlaufbahn anhalten und so eine feste Position an einer Stelle über der Erde halten. Lässt sie nun den Stein los, fällt er nach unten in Richtung Erde, genau wie ein Stein, der in einen Brunnen fällt. Das Beispiel ist etwas an den Haaren herbeigezogen, aber es unterstreicht die Schwierigkeit, Schwerkraft zu erfahren oder zu messen, wenn man keinen Platz zum Stehen hat. Im weiten Universum gibt es aber nur wenige sichere oder vernünftige Orte zum Stehen. Um also die Extreme der Schwerkraft zu betrachten, müssen wir unseren Raketenrucksack und eine Tasche voller Steine mit auf unsere Reise nehmen.

Eine gewichtige Angelegenheit

Die Stärke der Schwerkraft der Erde nahe ihrer Oberfläche kann man durch die Beschleunigung messen, die ein Objekt erfährt, wenn es fällt. Jeder, der schon einmal einen Bungee- oder Fallschirmsprung gemacht hat, weiß genau, wie sich das anfühlt.

Um es mathematisch auszudrücken, können wir sagen, dass die Beschleunigung aufgrund der Schwerkraft 9,8 m/s pro Sekunde beträgt oder etwa 35 km/h pro Sekunde. Das bedeutet, dass man bei einem Fall aus großer Höhe mit jeder Sekunde, die vergeht, um 35 km/h schneller wird (wenn man den Luftwiderstand ignoriert). Eine Sekunde nach dem Start bewegt man sich mit 35 km/h. Nach einer weiteren Sekunde fällt man mit 70 km/h. Und noch eine Sekunde später hat man 105 km/h erreicht, und so weiter.

Oder um es anders auszudrücken: Eine Beschleunigung durch die Schwerkraft von 35 km/h pro Sekunde entspricht der normalen Gewichtswahrnehmung, die wir auf der Erde gewöhnt sind. Steht man auf der Oberfläche eines Körpers mit einer größeren Schwerkraftbeschleunigung, fühlt man sich schwerer.

Mit diesen Kenntnissen sind wir nun bereit für die Frage, wo die stärksten Schwerkräfte im Universum auftreten. Die Stärke der Anziehung eines Objekts durch ein anderes ist proportional zu den Massen der beiden Objekte und umgekehrt proportional zum Quadrat ihres Abstands. Man wird also vernünftigerweise erwarten, dass die stärkste Schwerkraft im Universum in der Nähe von sehr massereichen, aber dennoch sehr kleinen Objekten zu finden ist.

An früherer Stelle in diesem Buch sind wir drei Arten ungewöhnlich dichter Objekte begegnet: Weißen Zwergen, Neutronensternen und Schwarzen Löchern. Alle haben eine unvorstellbar extreme Schwerkraft.

Fangen wir mit den Weißen Zwergen an, den dichten heißen Kernen, die übrig bleiben, nachdem Sterne wie die Sonne all ihren nuklearen Brennstoff aufgebraucht haben. Ein typischer Weißer Zwerg hat etwa den gleichen Durchmesser wie die Erde, aber eine Masse, die 300.000 Mal größer ist. Das bedeutet, dass die Schwerkraft an der Oberfläche eines Weißen Zwergs 300.000 Mal stärker als auf der Erde ist. Anstelle der Beschleunigung von 35 km/h pro Sekunde, die wir erfahren, wenn wir fallen, ist die Schwerebeschleunigung eines Weißen Zwergs etwa 10,5 Mio. km/h pro Sekunde. Wenn man auf einem Weißen Zwerg vom 10-Meter-Turm in ein Schwimmbecken springt, braucht man nur etwa 8 Millisekunden bis zum Aufschlag auf das Wasser, auf der Erde dagegen etwa 1,4 Sekunden.

Ein Neutronenstern ist noch kleiner und massereicher als ein Weißer Zwerg, also ist auch seine Schwerkraft noch größer. Ein durchschnittlicher Neutronenstern hat 40 % mehr Masse als die Sonne, hat aber einen Durchmesser von nur 25 km. Die Schwerebeschleunigung auf der Oberfläche eines Neutronensterns beträgt gigantische 5 Billionen (das sind 5 Mio. Mio.) km/h pro Sekunde. Der Sprung ins Schwimmbecken dauert dann nun vier Millionstel einer Sekunde! Die gravitative Anziehung ist so heftig, dass es 150.000 Mal anstrengender ist, sich auch nur um einen Zentimeter von der Oberfläche eines Neutronensterns zu erheben, als den Mount Everest zu besteigen.

Und Schwarze Löcher sind natürlich noch kompakter und massereicher als Neutronensterne, also muss auch ihre Schwerkraft von noch unvorstellbarerer Gewalt sein. Doch bevor wir uns die Schwarzen Löcher anschauen, ist festzuhalten, dass sie keine eigentliche Oberfläche haben, auf der man stehen könnte. Man kann am ehesten noch von einer imaginären Oberfläche sprechen, die als „Ereignishorizont" bezeichnet wird und den Punkt markiert, ab dem es kein Zurück mehr gibt. Wenn Sie sich gerade noch außerhalb des Ereignishorizonts befinden, unterliegen Sie einer extremen Schwerkraft des Schwarzen Lochs, aber Sie können noch entkommen, wenn Sie äußerst stark in die entgegengesetzte Richtung beschleunigen. Haben sie aber einmal den Ereignishorizont überschritten, gibt es kein Entkommen mehr: Selbst wenn Sie sich mit Lichtgeschwindigkeit bewegen könnten, wäre das nicht schnell genug, um den Klauen des Schwarzen Lochs zu entkommen. Es ist also unmöglich, auf der Oberfläche eines Schwarzen Lochs zu stehen. Man kann aber dennoch die Schwerkraft des Schwarzen Lochs charakterisieren, indem man beobachtet, was passiert, wenn man auf irgendeine Weise direkt oberhalb des Ereignishorizonts schwebt.

In Kap. 7 sind wir S5 0014+813 begegnet, einem Kandidaten für das massereichste Schwarze Loch, das wir kennen. Es hat eine Masse, die 40 Mrd. Sonnen entspricht. Die gravitative Anziehung dieses gigantischen Objekts sollte jeden Weißen Zwerg oder Neutronenstern bei Weitem übertreffen, nicht wahr?

Aber überraschenderweise beträgt die Schwerebeschleunigung oberhalb des Ereignishorizonts dieses Schwarzen Lochs nur 1350 km/h pro Sekunde. Sicher, das ist mehr als das Hundertfache der Erdanziehung, aber es ist mehr als eine Milliarde Mal schwächer als die Schwerkraft eines Neutronensterns. Wie kann ein mächtiges Schwarzes Loch eine solch dürftige Schwerkraft haben? Was ist hier los?

Die Antwort ist, dass Schwarze Löcher ständig auf Wachstumskurs sind.

Nehmen Sie etwas Teig und kneten Sie ihn zu einer Kugel von 10 cm Durchmesser. Dann formen Sie eine weitere Kugel mit genau der gleichen Größe. Quetschen Sie nun die zwei Kugeln zu einer einzigen größeren Kugel zusammen, hat diese die doppelte Masse und die doppelte Größe der beiden ursprünglichen Kugeln. Das ist nicht überraschend, aber beachten Sie, dass „doppelte Größe" doppeltes Volumen bedeutet, nicht doppelten Durchmesser. Die neue Kugel wird das doppelte Volumen haben, aber nur einen Durchmesser von 12,6 cm, was nur ganze 26 % mehr ist als der Durchmesser der beiden ursprünglichen Kugeln.

Aber Schwarze Löcher sind seltsame Objekte und verhalten sich ganz anders als Teigkugeln. Wenn zwei Schwarze Löcher gleicher Masse zusammenstoßen und sich vereinigen, hat das neue Schwarze Loch, verglichen mit den beiden Vorgängern, die doppelte Masse *und* den doppelten Durchmesser. Ein Schwarzes Loch nimmt also viel schneller an Körperumfang zu, als man erwarten würde. Und da die Stärke der Schwerkraft eines Objekts mit der Masse zunimmt, aber mit dem Quadrat des Durchmessers abnimmt, verringert sich tatsächlich die Schwerkraft eines Schwarzen Lochs, wenn es größer wird. S5 0014+813 mag ja außergewöhnlich massereich sein, aber es ist auch unerwartet groß: Der Durchmesser seines Ereignishorizonts beträgt mehr als 200 Mrd. km. Es mag der Intuition widersprechen, aber es sind die Schwarzen Löchern mit den kleinsten Massen, bei denen wir die stärkste Schwerkraft erwarten können.

Die leichtesten uns bekannten Schwarzen Löcher sind „stellare Schwarze Löcher", die schmächtigen Vettern der supermassereichen Schwarzen Löcher, denen wir in den Kap. 6 und 7 begegnet sind. In Kap. 4 haben wir diskutiert, wie massereiche Sterne als Supernovae explodieren und einen sich drehenden Neutronenstern an der Stelle ihres Kerns zurücklassen. Doch gelegentlich, wenn ein besonders großer Stern explodiert, ist der Kern ausreichend schwer, um zu einem stellaren Schwarzen Loch kollabieren zu können. Passiert dies einem vereinzelten Stern, wird das daraus entstandene Schwarze Loch von der Erde aus unsichtbar und nicht nachweisbar sein. Ist aber der Stern die Hälfte eines Doppelsternsystems, haben wir nach der Supernova-Explosion einen normalen Stern, der ein stellares Schwarzes Loch umkreist. Das Schwarze Loch beginnt, mit seiner Schwerkraft Gasströme von seinem Begleiter loszureißen, die spiralförmig in den Rachen des Lochs strudeln, sich dabei erhitzen und hell leuchten.

Es gibt fast 20 Fälle in der Milchstraße, in denen wir diese helle Strahlung mit unseren Teleskopen sehen können. Durch eine detaillierte Analyse können die Wissenschaftler die Eigenschaften dieser Schwarzen Löcher und ihrer gepeinigten Begleiter bestimmen. Es war diese Art von Analyse, mit der Astronomen das stellare Schwarze Loch mit der geringsten bekannten Masse (und somit der stärksten Schwerkraft) identifizieren konnten. Es befindet sich in 8000 Lichtjahren Entfernung im Sternbild Perseus und heißt „GRO J0422+32".

GRO J0422+32 wurde vom amerikanischen Astronomen Bill Paciesas am 5. August 1992 entdeckt, als es plötzlich an Helligkeit zunahm. Jahrelange detaillierte Untersuchungen folgten, anhand derer die Astronomen bestimmten, dass dieses Schwarze Loch eine Masse von nicht ganz viermal der Masse der Sonne hat – etwa 8000 Billionen Billionen t. Von dieser Masse ausgehend können wir berechnen, dass GRO J0422+32 einen Durchmesser von 23 km hat und damit so groß ist wie ein Neutronenstern. Doch da GRO J0422+32 fast die dreifache Masse eines Neutronensterns hat, ist entsprechend auch seine Schwerkraft dreimal so groß.

Die gravitative Anziehung knapp oberhalb des Ereignishorizonts von GRO J0422+32 ist stärker als an jedem anderen bekannten Ort im Universum und beträgt etwa 14 Billionen km/h pro Sekunde. Wenn es Ihnen irgendwie gelänge, einen Stein von einem Standpunkt 10 m oberhalb des Ereignishorizonts in dieses Schwarze Loch fallen zu lassen, bräuchte er nur zwei millionstel Sekunden, um den Ereignishorizont zu erreichen und ihn dann mit einer Geschwindigkeit von 30 Mio. km/s zu passieren.

GRO J0422+32 ist das kleinste Schwarze Loch, von dem wir wissen, aber gibt es weit draußen im All noch kleinere Schwarze Löcher, die auf ihre Entdeckung warten? Wahrscheinlich. Wissenschaftler haben berechnet, dass das leichtestmögliche stellare Schwarze Loch etwa drei Sonnenmassen haben wird. Es gibt wahrscheinlich solche Objekte, aber die Suche nach ihnen wird hart sein. Und wenn wir über Schwarze Löcher, dic in Supernovae entstanden sind, hinausgehen, gibt es praktisch keine praktische Untergrenze für Größe oder Masse eines solchen Objekts.

Es gibt sogar die Theorie, dass sich kurz nach dem Urknall viele winzige Schwarze Löcher mit einer Masse von nur je einer Milliarde Tonnen gebildet haben könnten. Bis jetzt wurde noch kein Beleg für solch federleichte Schwarze Löcher gefunden, und falls sie existieren, wären sie kleiner als ein Atom. Aber wenn es da draußen irgendwelche dieser Schwarzen Löcher geben sollte, wäre ihre gravitative Anziehung mehr als spektakulär.

Der lange langsame Tanz

Schwarze Löcher stellen das eine Extrem des gravitativen Spektrums dar, aber was liegt am anderen Ende? Wie schwach kann die Schwerkraft werden?

In einer Hinsicht ist diese Frage unmöglich zu beantworten. Da jedes Objekt im Universum auf jedes andere Schwerkraft ausübt, ist die gravitative Anziehung, die man von einem einzigen Atom in einer Entfernung von 10 Mrd. Lichtjahren erfährt, unvorstellbar schwach und wird völlig überlagert von allen Dingen, die viel näher sind (die Erde, die Sonne, die Milchstraße) und ständig an uns ziehen.

Darüber hinaus ist die Schwerkraft immer eine anziehende und nie eine abstoßende Kraft, sodass in der Mitte zwischen zwei Objekten mit identischer Masse die gravitativen Anziehungen der beiden Objekte gleich groß sind, aber in entgegengesetzte Richtungen gehen und die Schwerkraft, die man dort erfährt, exakt null ist. Wahrscheinlich gibt es daher viele Orte im Universum, an denen die resultierende Schwerkraft vernachlässigbar gering ist, da sich die Anziehungen verschiedener Objekte in verschiedene Richtungen gegenseitig ausgleichen. Daher ist die Frage nicht besonders sinnvoll, wo im Universum die Schwerkraft am schwächsten ist.

Aber wie sieht es aus, wenn wir die Frage umformulieren und nur Situationen betrachten, in denen ein einzelnes Objekt seine gravitative Anziehung auf ein anderes Objekt ausübt, ohne dass dies von allen anderen Gravitationsquellen überlagert und übertrumpft wird? Die Erde verspürt zum Beispiel die Schwerkraft aller Sterne in der Milchstraße, anderer Galaxien sowie ferner Galaxienhaufen. Doch die Schwerkraft der Sonne dominiert und überdeckt alles, sodass im Ergebnis die dominante Bewegung der Erde ihr Umlauf um unseren nächsten Stern ist, nämlich die Sonne.

Betrachten wir immer schwächere Schwerefelder, erkennen wir, dass die von ihnen bestimmten Umlaufbahnen zunehmend schwerer einzuhalten sind. Wenn das Zentralobjekt im Konkurrenzkampf mit all den anderen gravitativen Anziehungskräften im Universum immer mehr zurückfällt, verliert es irgendwann die Fähigkeit, Körper in seiner Umgebung auf ihren Bahnen zu halten.

Stellen wir also diese Frage: Was ist die sanfteste Anziehung, die irgendein Objekt im Universum ausübt und dabei dennoch in der Lage ist, einen anderen Körper auf eine Umlaufbahn um sich zu zwingen?

Solche Situationen sind nur in relativ ruhigen, nicht so dicht besetzten Regionen des Kosmos wahrscheinlich, wo die Umlaufbahnen lang, kraftsparend und ungestört sind. In komplizierteren Regionen kann jede schwache gravitative Bindung zwischen zwei Objekten schnell von der stärkeren Schwerkraft eines dritten Objekts beeinträchtigt und gestört werden, das sich einmischt. In der hektischen Umgebung eines Kugelsternhaufens (siehe Kap. 3) sind zwei Sterne mit schwacher Schwerkraft niemals in der Lage, einander zu umkreisen, da in der Nachbarschaft immer Hunderte Sterne mit eigenen gravitativen Absichten bereit stehen.

Unsere Suche nach der schwächsten Schwerkraft sollten wir also mit der Jagd auf große, langsame und abgeschiedene Umlaufbahnen beginnen.

Ein naheliegender Anfangskandidat ist die Umlaufbahn der Erde um die Sonne. Unser Planet hat sich mehr als 4 Mrd. Mal ohne große Störungen um seinen Zentralstern bewegt. Die gravitative Beschleunigung, mit der die Sonne die Erde auf ihrer Umlaufbahn hält, ist in der Tat überraschend schwach: etwa 0,02 km/h pro Sekunde. Sie ist damit etwa um einen Faktor 1650 schwächer als die Schwerkraft der Erde an ihrer Oberfläche. Gäbe es nur die Schwerkraft der Sonne, würde ein Stein, den man von der Position der Erde aus auf die Sonne fallen ließe, eine ganze Minute brauchen, um die ersten 10 m zu überwinden.

Wie die Erde die Sonne umkreist, umkreist die Sonne das Zentrum der Milchstraße. Diese galaktische Umlaufbahn ist viel länger als die Erdumlaufbahn, und der Umlauf dauert 200 Mio. Jahre. Dementsprechend ist die Schwerkraft, die die Milchstraße auf die Sonne ausübt, mit etwa einem milliardstel Kilometer pro Stunde pro Sekunde noch viel schwächer. Die Milchstraße ist zwar ungeheuer massereich, doch der Großteil dieser Masse ist Zehntausende Lichtjahre entfernt. Über solch große Entfernungen ist die Wirkung der Gravitation ausgesprochen schwach.

Doch 200 Mio. Jahre bedeuten auf einer kosmischen Skala noch einen relativ forschen Umlauf: Die ältesten

Sterne der Milchstraße konnten seit Beginn ihres Lebens schon 50 solche Umläufe absolvieren. Um noch längere Umlaufbahnen unter dem Einfluss einer noch schwächeren gravitativen Anziehung zu finden, müssen wir die Bahnen einzelner Sterne der Milchstraße vergessen und uns die Umlaufbahnen ganzer Galaxien betrachten.

Es gibt zahlreiche kleine Galaxien in unserer Nachbarschaft, von denen viele in gravitativer Gefangenschaft unserer Milchstraße sind. Einige von ihnen sind mehr als 500.000 Lichtjahre von der Milchstraße entfernt und brauchen etwa eine Milliarde Jahre, um einen Umlauf zu vollenden. Die Schwerkraft, die die Milchstraße auf diese Galaxien ausübt, ist fast 100 Mal schwächer als die, mit der sie unsere Sonne auf ihrer Bahn hält.

Es sind jedoch diese aufopferungsvollen, kläglichen gravitativen Bemühungen der Milchstraße, die ihr schließlich zum Verhängnis werden.

In einer dunklen Herbstnacht auf der Nordhalbkugel kann man gewöhnlich einen grauen, länglichen Fleck ausmachen, der einige Male größer als der Vollmond ist. Es ist die Andromedagalaxie (auch als „Messier 31" bekannt), eine riesige Spiralgalaxie ähnlich unserer eigenen Milchstraße, aber in einer Entfernung von 2,5 Mio. Lichtjahren. Andromeda und die Milchstraße sind die beiden größten Mitglieder einer Gruppe von einigen Dutzend Galaxien, die als die „Lokale Gruppe" bezeichnet wird. Sowohl Andromeda als auch die Milchstraße haben ihr eigenes Gefolge aus kleinen Galaxien, die sie umkreisen. Und kaum zu glauben: Auch die beiden großen Galaxien befinden sich auf einer riesigen, langwierigen Umlaufbahn umeinander.

Auf die große Entfernung, die Andromeda und die Milchstraße voneinander haben, ist die Schwerkraft, die die beiden Galaxien zusammenhält, extrem schwach. Die entsprechende Schwerebeschleunigung beträgt nur 0,0000000000013 km/h pro Sekunde. Ein Stein, der in einem so winzigen Gravitationsfeld fallen gelassen wird, hätte nach 6 h erst die Dicke eines menschlichen Haars zurückgelegt.

Aber die Schwerkraft, die Milchstraße und Andromeda aufeinander ausüben, wird dramatische Folgen haben, so dürftig sie auch sein mag. Die beiden Galaxien haben in der gesamten Lebenszeit des Universums noch nicht einmal einen einzigen Umlauf umeinander abgeschlossen. Die Astronomen haben geschätzt, dass eine vollständige Umrundung etwa 17 Mrd. Jahre dauert, aber es ist unwahrscheinlich, dass es je zur Vollendung dieser Umrundung kommt. Der Grund ist, dass die Bahn, der diese Galaxien auf ihrem Umlauf folgen, nicht nahezu kreisrund ist wie die Bahn der Erde um die Sonne oder die der Sonne um die Milchstraße, sondern die Form einer sehr langgestreckten Ellipse hat. Auf einer elliptischen Umlaufbahn gibt es Punkte, an denen die Objekte weit voneinander entfernt sind, und andere, wo sie sich sehr nahe kommen. Zurzeit befinden sich die Milchstraße und Andromeda in der Mitte zwischen diesen beiden Extremen, und im Laufe der Zeit werden sie sich dem Punkt des geringsten Abstands nähern.

Im Moment stürzen die Milchstraße und Andromeda mit einer Geschwindigkeit von 430.000 km/h aufeinander zu und nehmen dabei unter dem Einfluss der sanften gravitativen Anziehung zwischen ihnen langsam weiter Fahrt auf. In einer Milliarde Jahre wird sich der Abstand zwischen den beiden Galaxien halbiert haben, und Andromeda wird sich als spektakulärer Anblick am Nachthimmel abzeichnen: viermal heller und viermal größer als wir sie heute sehen.

Weiter in der Zukunft wird Andromeda so anschwellen, dass sie fast den halben Himmel erfüllt. Wird es schließlich eine tragische Kollision geben, wenn die zwei Galaxien frontal aufeinanderstoßen? Nicht ganz. Obwohl eine Galaxie wie ein Schwarm dicht gedrängter Massen aussieht, sind die Abstände zwischen den einzelnen Sternen gigantisch. Also selbst wenn Andromeda und die Milchstraße ineinander rasseln, ist es unwahrscheinlich, dass es tatsächlich zu Zusammenstößen zwischen einzelnen Sternen kommt. Man kann sich das eher wie die Durchmischung von zwei Krügen voller Sand vorstellen und nicht wie einen Zusammenstoß zweier Autos.

Außerdem deuten aktuelle Berechnungen darauf hin, dass Andromeda und die Milchstraße nicht genau auf Kollisionskurs sind, sondern sich nur gegenseitig streifen werden. Dieser knappe Streifschuss in etwa 2 Mrd. Jahren wird trotzdem noch so viel gravitative Anziehung mit sich bringen, dass ganze Spiralarme von beiden Galaxien fortgerissen werden und Sterne in spektakulären, 100.000 Lichtjahre langen Bögen nach außen geschleudert werden.

Anschließend werden die beiden Galaxien ihren Weg auf der Umlaufbahn unerbittlich fortsetzen. Allerdings werden sie durch diese erste Begegnung erheblich an Energie verlieren, und ihr Schwung wird geschwächt. Der nächste Umlauf wird viel kleiner sein, und sie werden zu einer letzten Umarmung noch einmal aufeinander zu taumeln. Schließlich werden all die schönen Spiralarme verloren sein, und die Überreste der beiden Galaxien werden zu einem einzigen riesigen Kugelhaufen aus Sternen verschmelzen und eine elliptische Galaxie bilden. (Obwohl die Details dieses Finales nicht sicher sind, haben Astronomen doch so viel Vertrauen in ihre Vorhersage des endgültigen Schicksals der Milchstraße, dass die neue Hybridgalaxie bereits einen Namen bekommen hat: „Milkomeda", eine Verschmelzung von Milky Way und Andromeda.)

Unsere Nachfahren werden eine spektakuläre Show erleben: Die Umlaufbahn der Sonne wird sich wahrscheinlich zu einer wilden, schwingenden Kurve verformen und im Lauf von Jahrmillionen zuerst tief in den blendend hellen Kern der Milchstraße führen, dann zu einem Punkt weit draußen im Weltraum, von dem aus wir die ganze Kollision vor uns ausgebreitet am Himmel sehen können, und dann wieder in den galaktischen Kern.

Es ist bemerkenswert, dass die so supersanfte gravitative Anziehung zwischen den beiden Galaxien, die 26 Billionen Mal schwächer als die irdische Schwerkraft ist, zu so viel Chaos und Unruhe führen wird. Aber die gravitative Anziehung zwischen der Milchstraße und Andromeda hat Milliarden von Jahren vor sich, um ihr Werk zu verrichten. Über so eine lange Zeitspanne kann selbst diese unglaublich schwache Schwerkraft spektakuläre Wirkungen erzielen.

Am seidenen Faden

Die Berührung von Milchstraße und Andromeda ist schon sehr sanft, aber können wir eine Umlaufbahn finden, in der die Schwerkraft noch schwächer ist?

Es gibt eine riesige Anzahl an tanzenden Galaxienpaaren im Universum, die der Milchstraße und Andromeda ähneln. Während unsere Galaxie und ihr Nachbar recht massereich sind, gibt es über den ganzen Himmel verteilt viele kleinere Galaxien, deren Schwerkraft entsprechend gering ist. Wenn nun zwei Galaxien geringer Masse irgendwo in einer abgeschiedenen Region des Weltalls zusammenkommen, sodass sie sich ungestört von großen Galaxien wie unserer bewegen können, dann wäre es auch denkbar, dass sie sich mit ihrer schwachen Schwerkraft die Hand reichen und eine fragile Umlaufbahn umeinander herausbilden.

Von den vielen Doppelsystemen kleiner Galaxien in unseren Katalogen sind die beiden am schwächsten aneinander gebundenen das obskure Duo namens „SDSS J113342.7+482004.9“ und „SDSSJ113403.9+482837.4“, oder „Napoleon“ und „Josephine“, wie wir sie nennen. Diese beiden Galaxien befinden sich in 139 Mio. Lichtjahren Entfernung von der Erde am Nordhimmel im Sternbild Großer Bär, sie haben jeweils etwa tausendmal weniger Masse als die Milchstraße und sind 40.000 Mal zu lichtschwach, als dass man sie mit bloßem Auge sehen könnte. Selbst durch ein Teleskop sind sie ein unscheinbares Paar, und auf astronomischen Abbildungen erscheinen sie als wenig eindrucksvolle Flecken.

Überraschend an diesen beiden Galaxien ist aber die Schwäche der Schwerkraft, mit der sie sich gegenseitig auf ihrer Umlaufbahn halten. Die Schwerkraft der größeren der beiden, Napoleon, übt auf die Begleiterin in über 370.000 Lichtjahren Entfernung nur eine gravitative Anziehung von 0,0000000000004 km/h pro Sekunde aus, was 900 Billionen Mal geringer als die Schwerkraft ist, die auf einen irdischen Apfel wirkt, wenn er vom Baum fällt. Einem Stein, den man von der Position von Josephine in Richtung Napoleon fallen lässt, muss man 50.000 Jahre zusehen, bis er eine Geschwindigkeit von 2 cm/s erreicht hat und damit schon weit schneller als eine Schnecke ist. Nach weiteren 4 Mio. Jahren würde er Schrittgeschwindigkeit erreichen.

Bei dieser ungeheuer schwachen Schwerkraft, die zwischen den beiden Galaxien wirkt, ist es nicht überraschend, dass sie eine Ewigkeit brauchen, um einander zu umrunden. In den Jahrmilliarden seit ihrer Entstehung haben sie wahrscheinlich erst ein Fünftel ihres ersten Umlaufs geschafft.

Und es ist unwahrscheinlich, dass sie diesen Umlauf jemals vollenden werden. Die gravitative Anziehung zwischen Napoleon und Josephine ist so schwach, dass es nur eine Frage der Zeit ist, bis ein streunender Eindringling ihre nähere Umgebung durchstreift und mit seiner stärkeren Schwerkraft entweder die beiden auf eine Umlaufbahn um sich selbst einfängt oder dieses delikate Paar in alle Winde zerstreut.

11
Vakuum und Schwarze Löcher: Extreme der Dichte

Wenn Sie jemals beim Bowling waren, werden Sie wissen, dass die Bowlingbahn Ihnen gewöhnlich Hunderte von Bowlingkugeln zur Auswahl bereitstellt. Es gibt Kugeln mit ganz verschiedenen Massen, geeignet für jedermann vom kleinen Kind bis zum stämmigen Erwachsenen. Aber alle Kugeln auf der Rücklaufschiene haben die gleiche Größe: Die schweren Kugeln sehen im Wesentlichen wie die leichten aus. Und so müssen Sie, bevor Sie mit ihrem Spiel beginnen, ein paar Kugeln in die Hand nehmen, um diejenige zu finden, die Ihnen am besten passt.

Doch was ist an einer schweren Kugel bei gleicher Form und Größe anders als an einer leichten? Der Unterschied ist natürlich ihre Dichte: Bei der schweren Kugel ist mehr Masse in das gleiche Volumen gepackt, sie ist also dichter.

Wir können das leicht in Zahlen angeben. Die Masse wird in Gramm gemessen: 1 Gramm ist etwa die Masse einer 100-Euro-Note. Das Volumen wiederum messen wir in Kubikzentimetern: Ein Teelöffel entspricht etwa 5 cm^3. Dichte ist Masse geteilt durch Volumen und wird in Gramm pro Kubikzentimeter gemessen. Eine 10-Pound-Bowlingkugel (4,54 kg) hat eine Dichte von 0,8 g/cm^3, während eine

16-Pound-Bowlingkugel (7,26 kg) eine Dichte von 1,3 g/cm^3 hat.

Bowlingkugeln mögen sich schwer anfühlen, wenn sie an drei Fingern hängen, aber wenn wir uns die Welt um uns herum anschauen, stellen wir schnell fest, dass sie nicht besonders schwer sind. Eisen hat zum Beispiel eine Dichte von 7,9 g/cm^3, bei Gold sind es sogar 19,3 g/cm^3. Die Substanz mit der höchsten Dichte, die in der Natur vorkommt, ist Osmium, das eine Dichte von 22,6 g/cm^3 aufweist. Die Dichte von Osmium ist so groß, dass eine Bowlingkugel aus reinem Osmium mehr als 120 kg wiegen würde (und deutlich über eine Million Euro kostet).

Gehen wir nun zum anderen Extrem, zu den besonders geringen Dichten. Die Luft, die wir atmen, hat auf Meereshöhe eine Dichte von nur 0,001 g/cm^3 (oder 1 kg/m^3), auf dem Gipfel des Mount Everest sind es sogar nur 0,0005 g/cm^3. Auf Meereshöhe wiegen 30 Liter Luft nicht mehr als zehn Zuckerwürfel.

Doch was kann uns das Universum jenseits der Grenzen der Erde bezüglich der Dichte bieten? Wie man auch bei diesen Extremen erwarten kann, sind die geringsten und die höchsten Dichten im Universum weit jenseits unseres Vorstellungsvermögens.

Kristalline Sphären

Die Erde selbst hat eine ziemlich große Dichte. Im Durchschnitt beträgt sie 5,5 g/cm^3 und reicht von etwa 3 g/cm^3 an der Oberfläche (vergleichbar mit der Dichte von Aluminium) bis zu 13 g/cm^3 im Erdkern (dichter als Blei).

Die Sonne ist weit massereicher als die Erde, hat aber auch ein viel größeres Volumen. Berücksichtigt man das, stellt man fest, dass die Dichte der Sonne nicht sonderlich groß ist: Sie beträgt im Mittel nur etwa 1,4 g/cm^3, liegt also nur etwas höher als die Dichte von Wasser.

Der Kern der Sonne, wo die Kernreaktionen bei extremen Temperaturen unter extremem Drucks ablaufen, ist viel dichter. Die Dichte erreicht dort etwa 150 g/cm^3. Bei dieser Dichte würde ein Gaspaket von der Größe eines kleinen Kürbisses mehr als eine Tonne wiegen.

Es gibt also einen großen Gegensatz zwischen der wässrigen Konsistenz des Großteils der Sonne und ihrem kompakten Kern. In anderen Sternen ist diese Diskrepanz sogar noch stärker. In Kap. 5 haben wir die Roten Riesen diskutiert, jene greisen Sterne, die einen äußerst dichten Kern besitzen, der von einer riesigen, aufgeblähten äußeren Hülle umgeben ist. Das meiste Gas in einem Roten Riesen hat eine extrem geringe Dichte von etwa einem millionstel Gramm pro Kubikzentimeter. Das ist tausendmal weniger als in der Erdatmosphäre in Bodennähe. Selbst wenn Sie tief im Inneren eines Roten Riesen säßen (aber noch nicht im Kern), kämen sie zu dem Schluss, dass Sie von einem perfekten Vakuum umgeben sind (sofern Sie nicht sorgfältige Messungen durchgeführt haben, die diese Ansicht widerlegen). Rote Riesen sind so ausgemergelt, dass es schwierig ist, so etwas wie eine Oberfläche zu definieren, die angibt, wo der Stern aufhört und der umgebende Weltraum beginnt. Stattdessen verdünnt sich der Stern langsam immer mehr: Es ist wie wenn man langsam aus einem Nebelschleier hinaustreibt.

Die Schwerkraft sorgt aber dafür, dass der massereiche heiße *Kern* eines Roten Riesen viel stärker komprimiert ist als irgendwelche Bereiche der Erde oder der Sonne: Die geschätzte Dichte beträgt 100 kg/cm^3. Um diese Dichte zu erreichen, müsste man ein komplettes Auto auf die Größe eines Golfballs zusammenquetschen.

Haben die Roten Riesen schließlich ihren Brennstoff aufgebraucht und beenden ihr Leben, setzen sie ihre äußeren Gasschichten in den Weltraum frei, während ihr Kern als heiße, glühende Asche zurückbleibt. Diese zentralen Überreste sind Weiße Zwerge, Sterne, deren Temperatur-, Magnetismus- und Schwerkraftextremen wir in den vorherigen Kapiteln begegnet sind.

Die enorme gravitative Anziehung eines Weißen Zwergs hat ihre Ursache darin, dass ein solcher Stern die Größe der Erde, aber 300.000 Mal ihre Masse hat. Aus diesen ungewöhnlichen Eigenschaften folgt eine riesige Dichte von etwa 2000 kg oder 2 t/cm^3. Um sich diese Dichte bildlich auszumalen, stellen Sie sich eine riesige Waage vor, auf deren einer Seite 100 Personen stehen. Um die Waage auszugleichen, müssten Sie nur einen Teelöffel „Weißer Zwerg" auf die andere Waagschale geben.

Ich hatte weiter oben angemerkt, dass Osmium mit einer Dichte von 22,6 g/cm^3 das dichteste der natürlich vorkommenden Elemente ist. Wenn ein Weißer Zwerg fast 100.000 Mal dichter als Osmium ist, woraus bestehet er dann?

Bevor ein Stern zu einem Weißen Zwerg wird, besteht er aus gewöhnlichem Gas: hauptsächlich aus frei schwebenden Wasserstoffatomen mit kleineren Mengen an Helium und anderen Verunreinigungen. Wenn nun aber die

Schwerkraft den Kern des sterbenden Sterns zusammenquetscht, findet eine seltsame Verwandlung statt. Der Stern wird so dicht, dass die einzelnen Atome sich gar nicht mehr bewegen können und an einem Ort festgehalten werden wie Kugeln, die an einem Weihnachtsbaum hängen. Ein Weißer Zwerg ist deshalb keine brodelnde, feurige Gaskugel wie andere Sterne, sondern eher eine feste Materiekugel.

Die Anordnung der Atome in einem Weißen Zwerg ist zudem äußerst akkurat: Es bildet sich ein regelmäßiges dreidimensionales Gitter. Eine solche ordentliche Anordnung von Atomen kennen wir von Kristallen. Gewöhnliches Kochsalz ist ein solcher Kristall, ebenso ein Diamant. Ein Weißer Zwerg nimmt also unter den immensen Kräften seiner Schwerkraft die Form eines riesigen superdichten „Einkristalls" mit extrem großer Dichte an.

Ein solcher kristalliner Stern ist eine delikate, fragile Struktur. Was bewahrt den Kristall angesichts der gewaltigen gravitativen Anziehung, die unnachgiebig versucht, den Weißen Zwerg auf noch geringere Größe zusammenzuquetschen, davor, zu zerbersten und dann zu einem Gebilde mit noch größerer Dichte zu kollabieren?

Um zu verstehen, was einen Weißen Zwerg in Form hält und davor bewahrt, in sich selbst zusammenzufallen, müssen wir tief in unser Verständnis der modernen Physik einsteigen. Denn da wir uns zunehmend höheren Dichten zuwenden, meldet sich die verborgene Welt der Quanten zu Wort.

Die Quantenmechanik, ein Zweig der Physik, der in den Anfängen des 20. Jahrhunderts entwickelt wurde, beschreibt das Verhalten kleiner Teilchen wie Protonen und Elektronen. Die komplexen Vorhersagen dieser Wissenschaft sind oft bizarr, beispielsweise verlangen sie manchmal, dass Teilchen an zwei Orten gleichzeitig sind, oder sie behaupten, dass Elektronen durch solide Absperrungen „tunneln" und auf magische Weise auf der anderen Seite wieder auftauchen können. Doch trotz solcher Eigenheiten des Verhaltens funktioniert die mikroskopische Welt, soweit wir das sagen können, tatsächlich so. Bis jetzt hat die Quantenmechanik ihre Aufgabe, zu beschreiben, wie sich einzelne Atome verhalten, auf wunderbare Weise und nahezu fehlerlos gelöst.

Normalerweise hat die Quantenmechanik für große Objekte wie Menschen, Planeten oder Sterne keine Bedeutung. Doch bei den extremen Dichten eines Weißen Zwergs kommen einige ihrer geheimnisvollen Aspekte zum Tragen. Insbesondere gibt es eine anscheinend unumstößliche Regel namens Pauli-Prinzip, der alle Materie im Universum Folge leisten muss. Diese Regel, die von dem Physiker und Nobelpreisträger Wolfgang Pauli entwickelt wurde, verbietet, dass zwei Elektronen mit der gleichen Energie den gleichen Ort im Raum besetzen.

Jedes Elektron in jedem Atom in unserem Körper hält sich penibel an diese Regel. Normalerweise ist es eine Regel, die leicht zu befolgen ist, da es jede Menge Platz gibt, wo sich die Elektronen aufhalten können – das Pauli-Prinzip kommt fast nie zum Tragen. Im Inneren eines Weißen Zwergs sind die Verhältnisse jedoch anders. Die Dichte ist so immens, dass man an eine fundamentale Grenze stößt: Man kann nicht beliebig viele Elektronen in ein gegebenes Volumen packen. Die Situation ist vergleichbar mit einem betriebsamen mehrgeschossigen Parkhaus, in dessen erstem Geschoss irgendwann alle Plätze besetzt sind, sodass keine weiteren Autos mehr hineinpassen. Autos, die einen Platz suchen, müssen in das zweite Geschoss ausweichen. Irgendwann ist auch das zweite Geschoss voll, und die einzigen noch freien Parkplätze sind im dritten Geschoss und so weiter.

Genauso ist es bei einem Weißen Zwerg: Es wird schnell eine Situation erreicht, in der sich im Kern des Sterns Elektronen mit allen möglichen Energien befinden. Andere Elektronen spüren die Schwerkraft, die sie nach unten zum Mittelpunkt des Sterns zu ziehen versucht, doch das Pauli-Prinzip verbietet es ihnen, diesen Raum einzunehmen. Diese Elektronen sammeln sich nicht im Kern, sondern nahe von ihm an, bis auch in diesem Bereich alle verfügbaren Plätze, die das Pauli-Prinzip zulässt, besetzt sind. Wieder andere Elektronen füllen alle verfügbaren Plätze noch etwas weiter draußen und so weiter und so fort bis zur Oberfläche des Weißen Zwergs.

Auf diese Weise werden alle Elektronen in einem Weißen Zwerg an ihrer Stelle gehalten. Sie stecken in der Zwickmühle zwischen der unnachgiebigen Forderung der Schwerkraft, zum Mittelpunkt des Sterns zu fallen, und dem Pauli-Prinzip, das eine dichtere Packung verbietet.

Sind Weiße Zwerge, die ein fundamentales Gesetzes der Physik bis an seine Grenze ausgereizt haben, also mit einer Dichte von 2 t/cm^3 die dichtestmöglichen Objekte im Universum? Erstaunlicherweise nein. Selbst die Dichte eines Weißen Zwergs ist nach den extremen Maßstäben des Kosmos relativ zahm.

Große Pastakugeln

Eine Sorte von Himmelsobjekten ist in diesem Buch bisher immer wieder aufgetaucht: die Neutronensterne. Sie scheinen der Inbegriff der Extreme des Universums zu sein: Sie drehen sich unglaublich schnell (Kap. 4), fliegen mit außergewöhnlichen Geschwindigkeiten durch den Weltraum (Kap. 6), sind die stärksten Magneten im Universum (Kap. 9) and haben eine ungeheuer starke Schwerkraft (Kap. 10). Und hier haben sie nun ihren letzten Auftritt, denn die Materie der Neutronensterne gehört zur dichtesten im Universum.

Wir wollen zuerst noch einmal kurz rekapitulieren, was wir in Kap. 2 gelernt haben: Massereiche Sterne sind so heiß, dass die Kernfusion schließlich alle Atome im stellaren Kern in reines Eisen verwandelt, das dann nicht zu noch schwereren Elementen verschmilzt. Unterdessen brennt weiterhin eine heiße Gashülle um diesen Kern und liefert noch mehr Eisen.

Der Eisenkern eines dem Untergang geweihten Sterns wird durch diesen Prozess im Laufe der Zeit ständig größer und schwerer. Erreicht diese riesige Eisenkugel eine Masse von 2800 Billionen Billionen t (etwa 1,4 Mal die Masse der Sonne), hält er dem Druck der Schwerkraft durch den restlichen Stern nicht mehr stand und fällt plötzlich und schauerlich zu einem Neutronenstern mit einem Durchmesser von nur noch 25 km zusammen. Nach dem Kollaps stürzen die äußeren Schichten des Sterns, die nun ihres stützenden Unterbaus beraubt sind, nach innen, bis sie auf die beinharte Oberfläche des neu entstandenen Neutronensterns treffen. Der dramatische Rückstoß von dieser Oberfläche treibt eine Stoßwelle durch den Rest des Sterns und zerreißt ihn in einer gigantischen Supernova-Explosion.

Aber werfen wir nun einen näheren Blick auf den Neutronenstern, dieses seltsame Monster, das sowohl das Endstadium eines Sternenlebens als auch den Auslöser für sein explosives Ende darstellt. Mit einer Masse von 2800 Billionen Billionen t, aber einem Durchmesser von nur 25 km beträgt die durchschnittliche Dichte eines Neutronensterns etwa 340 Mio. t/cm^3. Er ist also 170 Mio. Mal dichter als ein Weißer Zwerg! Ein Bruchstück eines Neutronensterns von der Größe eines Sandkorns würde mehr als ein moderner Flugzeugträger wiegen, ein Spielwürfel aus der Materie eines Neutronensterns dreimal mehr als die gesamte Menschheit.

Wie entsteht eine derart unvorstellbar hohe Dichte, und wie wird sie dann aufrechterhalten? Was ist aus dem unumstößlichen Pauli-Prinzip geworden, das die Dichte eines Weißen Zwergs auf lächerliche 2 t/cm^3 beschränkt? Halten sich Neutronensterne nicht an die Gesetze der Physik?

Beruhigenderweise spielen auch die Neutronensterne nach den gleichen Regeln wie der Rest des Universums. Ihre extreme Masse und Schwerkraft zwingen sie jedoch, einen seltsamen und unerwarteten Weg zu gehen.

Ich habe zuvor erklärt, dass in einem Weißen Zwerg die Elektronen schlicht und einfach nicht mehr dichter zusammengepackt werden können. Mein Bild dafür war ein mehrstöckiges Parkhaus, in das unmöglich noch weitere Autos passen, sobald alle Plätze belegt sind. Dies ist jedoch nur dann eine fundamentale Grenze, wenn wir uns auf einen ordnungsgemäßen Betrieb beschränken, bei dem die Autos nur auf den markierten Plätzen stehen und einen Abstand zum Nachbarauto einhalten.

Nun geben wir aber alle Vorsicht und Rücksicht auf und parken die Autos so dicht, dass beim Einparken Blechschäden entstehen und dass niemand mehr eine Tür öffnen und ein- oder aussteigen kann. Nachdem wir auf diese Weise eine ganze Anzahl zusätzlicher Autos in das Parkhaus zwängen konnten, gehen wir noch weiter und stellen auch alle Fahrspuren und Zufahrtsrampen mit Autos zu. Wenn die Decken hoch genug sind, können wir noch mehr Autos hineinpacken, indem wir sie aufeinander stapeln.

Wir haben nun ein Parkhaus, das wesentlich mehr Autos enthält als jedes normale Parkhaus. Aber wir gehen noch weiter. Selbst wenn wir nun unmöglich noch weitere Autos in das Parkhaus hineinbekommen, gibt es bei genauerem Hinsehen noch eine Menge unbesetzten Raum. In jedem Auto ist leerer Raum für vier oder fünf Passagiere, und es gibt einen Kofferraum für die Einkäufe. Machen wir jedes Auto platt, können wir auch diesen Raum ausnützen und noch mehr Autos unterbringen. Wir können so lange Autos in das Parkhaus quetschen, bis das gesamte Gebäude dicht mit Stahl, Gummi und Kunststoff gepackt ist und keine Luft oder leerer Raum mehr übrig ist. Auf diese Weise kann man vielleicht zehnmal so viele Autos in das Parkhaus bekommen, wie bei normaler Parkweise.

Auf die gleiche Weise erreicht ein Neutronenstern eine viel höhere Dichte als ein Weißer Zwerg: Er gibt die gewöhnlichen Regeln auf, nach denen Atome und Elektronen angeordnet werden.

In der normalen Materie, aus der Sie und ich aufgebaut sind, besteht jedes Atom aus einem winzigen Kern aus

Protonen und Neutronen, umgeben von einer weit außen liegenden Wolke umlaufender Elektronen. Zwischen dem Kern und den Elektronen eines Atoms ist also eine riesige, unbesetzte Lücke. In einem scheinbar massiven Objekt, das aus unzähligen Atomen besteht, findet sich bei genauerer Betrachtung nur hier und da ein Atomkern, der jeweils von einer weit abgelegenen Elektronenwolke umgeben ist. Dazwischen ist nichts. Auch wenn Sie sich vielleicht zu dick fühlen, müssen Sie damit leben, dass 99,9999999999997 % ihres Körpers leerer Raum sind!

Ein Weißer Zwerg stellt die dichtestmöglich gepackte Form normaler Materie dar, doch selbst bei einer Dichte von 2 t/cm^3 enthält er noch eine Menge ungenutzten Raum. Außer den Atomkernen selbst sind Neutronensterne die einzigen Objekte im Universum, die diesen Raum ausfüllen, und sie tun das auf überraschende Weise.

Der Eisenkern eines massereichen sterbenden Sterns befindet sich in einer ähnlichen Situation wie ein Weißer Zwerg. Alle Atome sind gegeneinander gepresst und ihre einzelnen Elektronenwolken überlappen sich, und zwar so sehr, dass das Pauli-Prinzip ins Spiel kommt. Dessen Einschränkung gebietet der unerbittlichen, nach innen gerichteten Anziehung der Schwerkraft vorübergehend Einhalt und bewahrt den Kern davor, in sich selbst zusammenzufallen. Doch der Eisenkern ist so massereich, dass die Schwerkraft schließlich einen Weg findet. In einem als „Neutronisierung" bezeichneten fatalen Prozess vereinigen sich viele der Protonen und Elektronen in dem Stern und bilden Neutronen. Da 90–95 % der Elektronen nun beseitigt sind, werden die zuvor von ihnen geschützten leeren Räume um alle Atomkerne herum verfügbar, sodass das

Volumen des Sterns dramatisch weiter schrumpfen kann. Anstatt wie zuvor in der normalen Materie enorm weit voneinander getrennt zu sein, können die neu formierten Neutronen so eng zusammenrücken, dass sie sich praktisch berühren. Die Dichte des Sterns schießt durch die Decke, bis sie unglaubliche 340 Mio. t/cm^3 erreicht.

Was hält den Neutronenstern davon ab, unter der Schwerkraft noch weiter zu kollabieren? Die endgültige Grenze gegen den ultimativen Kollaps ist einmal mehr das Pauli-Prinzip – doch dieses Mal auf Neutronen angewandt statt auf Elektronen. Auch zwei Neutronen können nicht gleichzeitig die gleiche Energie und den gleichen Ort haben. Unter dem Zwang, sich an dieses universelle Gesetz zu halten, werden die Neutronen gegen die Schwerkraft in einem dicht gepackten Gitter unter Bedingungen von fast unvorstellbarem Druck und extremer Dichte festgehalten.

Während wir glauben, dass Weiße Zwerge eine kristalline Struktur haben, deuten die Berechnungen der Astronomen darauf hin, dass Neutronensterne Ungeheuer von markant anderer Art sind.

So wie die Erde hat ein Neutronenstern eine gasförmige Atmosphäre und eine feste Oberfläche. Doch hier enden die Ähnlichkeiten.

Zunächst sorgt die gewaltige Schwerkraft eines Neutronensterns (siehe Kap. 10) dafür, dass seine Atmosphäre nur ein paar Zentimeter dick ist. Die Oberfläche eines Neutronensterns ist die Heimat vieler normaler Atome, Atome, die der Neutronisierung entkommen sind, die den Großteil des Sterns bei seiner Entstehung erfasste. Infolgedessen ist die Materie hier nicht besonders dicht gepackt und hat nur die bescheidene Dichte von 5–10 g/cm^3, was in etwa der

Dichte von Eisen entspricht. Normalerweise stellen wir uns Atome wie Kugeln vor, die winzigen Murmeln oder Billardkugeln ähneln. Der gewaltige Magnetismus an der Oberfläche eines Neutronensterns (siehe Kap. 9) quetscht aber die einzelnen Atome zu länglichen Zylindern zusammen, sodass sie selbst zu winzigen magnetischen Kompassnadeln werden. Deshalb ordnen sich benachbarte Atome, ähnlich wie Büroklammern, die an einem Magneten baumeln, zu aneinanderhängenden Ketten. Das Ergebnis ist, dass sich die Atome an der Oberfläche eines Neutronensterns in extrem langen Ketten anordnen, die in der Richtung des Magnetfelds verlaufen.

Da alle Atome auf der Oberfläche eines Neutronensterns miteinander verbunden und wohlgeordnet sind, ist die bizarre Materie dort ungeheuer fest und praktisch weder zu knacken noch zu brechen. Betrachten Sie zum Vergleich ein Plastiklineal. Dessen Material ist bemerkenswert robust: Versuchen Sie, das Lineal mit einer Schere zu zerschneiden, wird Ihnen das vielleicht nicht gelingen. Biegen Sie jedoch das Lineal, wird es irgendwann entzwei brechen.

Das Plastikmaterial eines Lineals besteht wie die Atome auf der Oberfläche eines Neutronensterns aus langen Atom- oder Molekülketten. Diese Ketten sind für sich gesehen äußerst fest, es gibt aber viele Lücken und Webfehler zwischen ihnen. Biegen Sie das Lineal, bricht es schließlich entlang solcher Lücken auseinander. Die Atome der Kruste eines Neutronensterns sind so eng und starr entlang ihrer Ketten organisiert, dass nicht fehlerhafte Verbindungen, sondern einzelne Ketten selbst aufgebrochen werden müssen, was viel mehr Energie und Anstrengung erfordert. Die Kernphysiker Charles Horowitz und Kai Kadau haben detaillierte Berechnungen über die Stärke der Kruste eines Neutronensterns durchgeführt und dabei herausgefunden, dass dieses Material 10 Mrd. Mal härter als Stahl ist!

Die Kruste eines Neutronensterns ist etwa einen Kilometer dick. Man nimmt an, dass die Dinge darunter noch seltsamer werden, da wir in die bizarre Welt der „nuklearen Pasta" eintauchen. Normalerweise werden Protonen und Neutronen durch die „starke Kernkraft" zusammengehalten. Einen solchen Atomkern aus Neutronen und Protonen kann man sich wie ein dicht gepacktes, kompaktes Kugellager vorstellen. Es ist aber noch eine andere Kraft am Werk, die daher rührt, dass ein Proton eine positive elektrische Ladung hat. Positive Ladungen stoßen sich aber gegenseitig ab, sodass sich zwei Protonen, die nahe zueinander gebracht werden, dagegen wehren und sich zu trennen versuchen. Innerhalb eines Atomkerns ist die starke Kernkraft (wie ihr Name andeutet) so stark, dass sie die Abstoßung, die die Protonen aufeinander ausüben, leicht überwindet. Trotz ihrer gegenseitigen Abneigung sind die Protonen gezwungen, nebeneinander zu sitzen.

Das gilt aber nicht für Protonen aus zwei unterschiedlichen Kernen. Sie werden nicht durch die starke Kernkraft zusammengehalten und werden alles tun, um so weit wie möglich Distanz zu wahren. Diese Abstoßung kommt normalerweise nie zum Tragen, da die zwei Kerne ja von einem riesigen leeren Hohlraum und den Elektronen, die außen herumkreisen, umgeben sind. Innerhalb eines Neutronensterns wurden jedoch die meisten Elektronen neutronisiert, und die einzelnen Kerne sind viel enger aneinander gerückt als es ihnen gefällt. Die Kerne ohne ihre Elektronenhülle berühren sich nun beinahe, und Protonen von verschiedenen Kernen versuchen mit aller Kraft, sich abzustoßen. Da sie aber nirgendwohin ausweichen können, setzt sie diese Abstoßung unter enorme Spannung und presst sie in seltsame Formen.

Wie schon angemerkt, ist das einfachste Bild eines normalen Atomkerns ein Kugellager. Steigt man jedoch in die Tiefe eines Neutronensterns hinab, sind einzelne Kerne zu länglichen Röhren zusammengequetscht und bei noch höheren Dichten weiter im Sterninneren zu breiten, platten Scheiben. Der amerikanische Astronom David Ravenhall war einer der ersten, dem dieses Verhalten auffiel. 1983 schlug er eine Reihe Ausdrücke aus der Gastronomie vor, um diese bizarren Verhältnisse zu beschreiben, die nun als die „pasta sequence" („Pasta-Folge") bekannt ist. Normale atomare Kerne sind kugelförmig wie Fleischklöße. Wenn sie sich zu langen Röhren strecken, werden sie zu Nudeln in Spaghettiform. Und wenn sie zu dünnen Scheiben abflachen, werden sie zu Lasagne!

Geht man zu noch höheren Dichten, kann man die Reihe fortsetzen. Die einzelnen Kerne fangen an sich zu vereinigen und werden nur noch durch enge hohle Röhren getrennt: Wir sind bei nuklearen Penne angelangt. Bei noch extremeren Dichten bleiben nur noch kleine, kugelförmige Löcher bestehen: Wir haben Ravioli. Und schließlich, wenn man sich in den dichtesten Teil eines Neutronensterns begibt, beginnen alle Kerne, sich zu überlappen und sich zu einem einzigen, riesigen, kontinuierlichen Atomkern zu vereinigen. Die unausweichliche Schlussfolgerung ist, dass die zentralen Regionen eines Neutronensterns mit einer Dichte von Hunderten von Millionen Tonnen pro Kubikzentimeter mit der Salsa zu vergleichen sind.

Leichter als Luft

Neutronensterne sind außergewöhnliche Objekte, doch auch sie sind noch nicht der Endzustand, zu dem ein sterbender Stern kollabieren kann. Explodiert ein massereicher Stern, überlebt der Kern üblicherweise als Neutronenstern, aber wie wir in Kap. 10 gesehen haben, kann ein sehr großer Stern nach seiner Supernova-Explosion einen schwereren Kern zurücklassen, der weiter zu einem stellaren Schwarzen Loch kollabiert. Schwarze Löcher haben eine so extreme Schwerkraft, dass noch nicht einmal Licht aus dem Inneren ihres Ereignishorizonts entkommen kann.

Da manche stellaren Schwarzen Löcher noch schwerer und kleiner als Neutronensterne sind, könnte man erwarten, dass ihr Inneres noch höhere Dichten erreicht. Das ist auch in der Tat der Fall, aber hier sind erst noch ein paar weitere Gedanken und Erklärungen erforderlich.

Ich muss Sie warnen, dass es nicht völlig klar ist, was es überhaupt bedeutet, wenn wir von der Dichte eines Schwarzen Lochs sprechen. Innerhalb des Ereignishorizonts eines Schwarzen Lochs erwarten wir weder Materie aus normalen Atomen, aus der Sie oder ich bestehen, noch eine exotische Nudelsorte, wie man sie im Inneren von Neutronensternen vermutet. Auch wenn wir nicht absolut sicher sein können, herrscht Einigkeit darüber, dass die gesamte Masse eines Schwarzen Lochs zu einer „Singularität" komprimiert ist, zu einem unendlich kleinen mathematischen Punkt genau im Mittelpunkt des Ereignishorizonts. Wenn dem so ist, hätten alle Schwarzen Löcher technisch betrachtet eine unendliche Dichte.

Das ist leider nicht leicht zu verstehen, und wir haben auch noch keine Möglichkeit, um diese Idee durch Messungen zu überprüfen. Stattdessen beschreiben wir ein Schwarzes Loch gewöhnlich durch seine „äquivalente Dichte", das heißt, wir bestimmen aus der Größe des Ereignishorizonts des Schwarzen Lochs sein Volumen und dividieren dann die Masse durch das Volumen, um die Dichte zu berechnen. Das ist dann allerdings keine wirkliche Dichte in dem Sinn, dass man einen Löffel der Materie eines Schwarzen Lochs abkratzen und zum Wiegen auf eine Waage geben könnte. Wenn man sich jedoch vorstellt, etwas gewöhnliche Materie zu nehmen und den Brocken so weit zusammenzupressen bis er klein genug ist, um ein Schwarzes Loch zu werden, dann ist die Dichte, auf die man ihn zusammendrücken muss, die äquivalente Dichte.

Ein zweiter eigenartiger Effekt der Dichte eines Schwarzen Lochs folgt aus den Eigenschaften der Schwerkraft der Schwarzen Löcher, die wir in Kap. 10 diskutiert haben. Wie bei Schwarzen Löchern mit zunehmender Masse die Schwerkraft schwächer wird, haben schwerere Schwarze Löcher auch eine viel geringere Dichte als leichte Schwarze Löcher.

Auf unserer Suche nach dem Schwarzen Loch mit der höchsten möglichen Dichte müssen wir also nach dem Schwarzen Loch mit der geringsten Masse Ausschau halten. Wie in Kap. 10 ist der aktuelle Rekordhalter GRO J0422 + 32, das leichteste bekannte Schwarze Loch, mit einer Masse knapp unter dem Vierfachen der Sonne (etwa 8000 Billionen Billionen t). Der Ereignishorizont hat einen Durchmesser von etwa 23 km. Dividieren wir nun die Masse durch das Volumen, erhalten wir als äquivalente Dichte von GRO J0422 + 32 atemberaubende 1,2 Mrd. t/cm^3, also mehr als das Dreifache der Dichte eines Neutronensterns.

Nur ein leichtgewichtiges Schwarzes Loch wie GRO J0422 + 32 kann eine solch hohe Dichte erreichen. Wir kennen etwa ein Dutzend stellare Schwarze Löcher mit Massen von etwa 8–12 Mal der Sonnenmasse. Selbst diese bescheidene Zunahme an Masse führt zu einer erheblichen Abnahme der äquivalenten Dichte: Ein Schwarzes Loch, das zehn Sonnenmassen wiegt, hat eine Dichte von 180 Mio. t/cm^3, ein Sechstel der Dichte von GRO J0422 + 32 und etwa die Hälfte der Dichte eines Neutronensterns.

Wie wir in den Kap. 6 und 7 gesehen haben, gibt es zahlreiche Schwarze Löcher, die viel größer und schwerer sind als diejenigen, die von Supernova-Explosionen übrig geblieben sind. In den Zentren von Galaxien finden wir häufig supermassereiche Schwarze Löcher, die Millionen oder Milliarden Mal so viel wie die Sonne wiegen. Trotz ihrer gigantischen Masse haben supermassereiche Schwarze Löcher aber so große Ereignishorizonte, dass ihre äquivalenten Dichten überraschend niedrig sind.

Starten wir mit unserem eigenen lokalen supermassereichen Schwarzen Loch: Sagittarius A* im Zentrum der Milchstraße. Wie wir in Kap. 7 sahen, haben die Astronomen mit Hilfe des Verhaltens der Sterne in der nahen Umgebung, deren Umlaufbahnen wir beobachten können, exakte Messungen der Masse von Sagittarius A* durchgeführt. Unsere momentan beste Schätzung aus diesen Untersuchungen ist, dass Sagittarius A* 4,1 Mio. Sonnenmassen wiegt.

Die Astronomen haben es noch nicht geschafft, den Durchmesser von Sagittarius A* definitiv zu messen, aber bei einer Masse von 4,1 Mio. Sonnen erwarten wir einen Ereignishorizont mit einem Durchmesser von 25 Mio. km, was kleiner ist als die Umlaufbahn des Merkur um die Sonne. Die Dichte von Sagittarius A*, die sich daraus ergibt, ist überraschend klein: Es sind nur 1000 g/cm^3. Nach alltäglichen Maßstäben ist das beeindruckend, aber nicht in der astronomischen Skala: Es ist etwa 300 Mrd. Mal weniger als bei einem Neutronenstern, es sind 0,05 % der Dichte eines Weißen Zwergs, und es ist nur sechs- oder siebenmal die Dichte des Gases im Kern der Sonne.

Wir haben in Kap. 7 gesehen, dass es viele supermassereiche Schwarze Löcher gibt, die viel schwerer als Sagittarius A* sind. Ein typisches supermassereiches Schwarzes Loch hat eine Masse von 100 Mio. Sonnen, und die äquivalente Dichte beträgt dann nur 1 g/cm^3, was der Dichte von Wasser entspricht! Während also ein stellares Schwarzes Loch vermutlich durch einen schwerwiegenden Kollaps und die Kompression eines sterbenden Sterns entsteht, sind solche nervenaufreibenden Vorgänge für die Entstehung eines supermassereichen Schwarzen Lochs nicht notwendig. Wenn man eine ausreichend große Badewanne hätte, könnte man einfach Wasser einlaufen lassen, bis die Masse des Wassers 100 Mio. Sonnenmassen erreicht, und schon hätte man genug Masse in einem ausreichend kleinen Volumen, um ein Schwarzes Loch herzustellen. Der deutsche Astronom Heino Falcke warnt daher immer seine Studenten, sie mögen nicht das Wasser laufen lassen, wenn Sie in Urlaub fahren, damit es kein Unglück gibt!

Und wie sieht es mit den größten bekannten Schwarzen Löchern aus? In Kap. 7 haben wir gesehen, dass S5 0014 + 813 mit einer Masse von 40 Mrd. Sonnen das massereichste bisher entdeckte Schwarze Loch ist. Obwohl diese Masse beeindruckend ist, beträgt die äquivalente Dichte dieses monströsen Gebildes nur winzige 0,0001 g/cm^3, was der Dichte des Gases in einer Leuchtstoffröhre entspricht.

Man ist versucht, sich die größten Schwarzen Löcher als Orte außergewöhnlich extremer Dichten vorzustellen. Das sind sie auch in der Tat, aber genau im entgegengesetzten Sinn als man vielleicht erwartet hätte. S5 0014 + 813 ist nicht mehr als ein gigantischer kosmischer Heliumballon, viel leichter als Luft.

Blasen aus nichts

Das supermassereiche Schwarze Loch S5 0014 + 813 mag eine überraschend geringe Dichte haben, aber es gibt im Universum noch weit beachtlichere Extreme an dem Ende der Skala, das an das Vakuum grenzt.

Luft ist mit einer Dichte von 0,001 g/cm^3 wahrscheinlich die Materie mit der niedrigsten Dichte, der wir üblicherweise in unserem Alltag begegnen. Nach kosmischen Maßstäben sind 0,001 g/cm^3 jedoch eine extrem hohe Dichte.

Um noch niedrigere Dichten zu erforschen, ist es hilfreich, eine andere Messgröße zu verwenden. Anstatt die Dichte in Gramm pro Kubikzentimeter anzugeben, sollten wir von der „Anzahldichte" sprechen, das heißt von der Anzahl der Atome, die in jedem Kubikzentimeter enthalten sind. Nach diesem Maß ist Luft mit einer Anzahldichte von mehr als 40 Mio. Billionen Atomen pro Kubikzentimeter ausgesprochen vollgepackt mit Materie.

Betrachten wir zum Vergleich die in Kap. 3 diskutierten Dunkelwolken, die so voll von Staub sind, dass sie überhaupt kein Licht durchlassen. Trotz ihrer dichten, trüben Erscheinung haben diese Dunkelwolken eine Anzahldichte von unter einer Million Atomen pro Kubikzentimeter. Diese Dichte ist so gering, dass eine Dunkelwolke von der Größe eines olympischen Schwimmbeckens nur ein paar milliardstel Gramm wiegen würde.

Das ist eine extrem geringe Dichte, aber selbst hier auf der Erde können wir das unterbieten. Seit Jahrhunderten haben Wissenschaftler nach raffinierten Methoden gesucht, um zu immer geringeren Anzahldichten vorzudringen und immer verdünntere Umgebungen herzustellen. Nach aktuellem Stand der Technik können Experimente, die mehrere Monate beanspruchen, Anzahldichten von 500–1000 Atomen pro Kubikzentimeter erzeugen. Nach allen vernünftigen Maßstäben kommt ein Gas in diesem Zustand einem beinahe perfekten Vakuum gleich.

Doch das Universum kann uns noch viel geringere Dichten bieten. In der Milchstraße sind Dunkelwolken die Ausnahme: Die meisten Gaswolken, die in unserer Galaxie verteilt sind, haben typische Anzahldichten von nur einem Atom pro Kubikzentimeter. Diese Dichte ist so gering, dass alle Ozeane der Welt nur 2 Gramm wiegen, wenn man das Wasser in ihnen mit einem Gas dieser Dichte ersetzt!

Außerhalb der Milchstraße, in den leeren Weiten des intergalaktischen Raums, ist die Dichte noch geringer. In diesen abgeschiedenen Weiten zwischen den Galaxien beträgt die typische Anzahldichte ganze 0,00001 Atome pro Kubikzentimeter, was bedeutet, dass die einzelnen Atome nun einen Abstand von etwa einem Meter haben. Eine Wolke aus solchem Gas und von der Größe des gesamten Planeten Erde würde nur ein sechzigstel Gramm wiegen.

Sie mögen denken, dass bei dieser extrem geringen Dichte die Gesamtmenge des Gases nur eine Fußnote in der Massenbilanz des Kosmos ist. Doch die Räume zwischen den Galaxien sind so gewaltig, dass die gesamte Masse dieses intergalaktischen Gases die Gesamtmasse aller Planeten, Sterne, Galaxien und Cluster im Universum bequem übertrifft. Die Dichten, mit denen wir es in der alltäglichen Astronomie zu tun haben, sind extreme Ausnahmen und nicht die Regel – vom täglichen Leben ganz zu schweigen.

Diese äußerst geringe Dichte des intergalaktischen Gases ist nur schwer zu begreifen. Doch selbst diese Dichte liegt noch deutlich über dem, was man in den leersten Stellen des Kosmos findet.

Wie wir in Kap. 5 gelernt haben, sind Galaxien nicht gleichmäßig im Universum verteilt, sondern in einer spektakulären Filigranarbeit aus Blättern, Fäden, Schalen und Hohlräumen angeordnet. Die Wände dieser intergalaktischen Seifenblasen sind betriebsame Ballungsräume von Sternen und Galaxien, die mit all den verschiedenen Arten an Aktivität und Energie erfüllt sind, die wir in den vorhergehenden Kapiteln untersucht haben. Die Innenräume dieser Blasen sind jedoch unvorstellbar und beängstigend leer.

Diese „kosmische Leere" enthält keine Galaxien und ist frei von streunenden Sternen oder Planeten. In diesen riesigen Einöden, die sich oft über mehr als 100 Mio. Lichtjahre erstrecken, gibt es nichts als gelegentlich ein einsames Wasserstoffatom.

Wie gering ist die Dichte in diesen allerleersten Regionen? Die Anzahldichte eines typischen Leerraums beträgt unglaublich winzige 0,00000002 Atome pro Kubikzentimeter. Das ist so spärlich, dass man selbst in einem großen Zimmer Glück haben müsste, um ein einziges Atom zu finden. Oder um es anders auszudrücken: Nimmt man eine der Bowlingkugeln, die wir zu Beginn dieses Kapitels betrachtet haben, und zermahlt sie bis zu den einzelnen Atomen, aus denen sie besteht, müsste man diese Atome über ein Volumen mit einem Durchmesser von 6 Mio. km verteilen, um die gleiche Dichte zu erreichen, die man in einem kosmischen Leerraum findet.

Eine solche Umgebung erscheint uns außergewöhnlich fremd, nicht nur im Vergleich zu unseren alltäglichen irdischen Standards, sondern auch zu der Leere des Raums in der Milchstraße und in ihrer Umgebung. Doch die Massenbestimmungen des Universums, die während der letzten 10 oder 20 Jahre durchgeführt wurden, zeigen die wahre Geschichte: Diese Leerräume nehmen etwa 90 % des Universums ein, und alles andere befindet sich an ihren Rändern.

Wenn ein Besucher aus einem anderen Universum in unserem ankäme, ohne vorher eine Vorstellung zu haben, was wichtig oder interessant ist, käme er schnell zum Schluss, dass dies ein langweiliges, eintöniges Universum ist, das im Wesentlichen mit nichts als Nichts gefüllt ist. Sofern er nicht besonders sorgfältig und aufmerksam ist, würde er vielleicht von einigen der kleinen Fußnoten gar nichts mitbekommen: den gelegentlichen Regionen hoher Dichte, wo Sterne entstehen können, Planeten sich auf Umlaufbahnen bewegen und Leben entsteht, wo großartige Kunstwerke gemalt werden und majestätische Sinfonien komponiert werden können.

12
Epilog

Sie mögen vielleicht denken, dass wir nun am Ende der Geschichte angelangt sind. Aber wir reden hier von Astronomie – es wird wahrscheinlich nie ein letztes Wort der Erzählung des Kosmos geben.

Jedes Rätsel, das Astronomen lösen können, wirft ein Dutzend neuer Fragen auf, die auf Antworten warten. Jeder neue Durchbruch und jede Entdeckung zeigen schnell, dass wir die Dinge nicht ganz so gut verstehen wie wir dachten. Und jedes neue Teleskop, das gen Himmel gerichtet wird, enthüllt unerwartete Objekte und Phänomene, die bis dahin niemand zu sehen in der Lage war.

Das Wissen, dass es so viel mehr zu tun gibt, ist sowohl beruhigend als auch aufregend. Wenn ich als Astronom arbeite, fühle ich mich oft wie ein Kind auf einem fantastischen Urlaubsabenteuer und möchte nicht, dass es zu Ende geht. Aber während auf jeden Urlaub irgendwann die Rückkehr in die reale Welt folgt, ist für das großartige kosmische Abenteuer kein Ende in Sicht. In vieler Hinsicht haben wir enorm viel über das Universum gelernt, doch aus einem anderen Blickwinkel betrachtet haben wir kaum die Oberfläche angekratzt. Das goldene Zeitalter der Astronomie fängt gerade erst an.

Was wird uns die Zukunft wohl bringen? Wir werden größere und leistungsfähigere Teleskope bauen und damit immer mehr Sterne, Galaxien, Haufen und andere himmlische Phänomene entdecken. Die meisten dieser Objekte ähneln vermutlich denen, die wir bereits kennen. Es wird aber auch eine kleine Handvoll neuer Rekordhalter dabei sein, die die Extreme, die ich hier beschrieben habe, übertreffen. Irgendwo da draußen gibt es Gaswolken, die noch kälter sind als der Bumerang-Nebel, Galaxien, die noch größer sind als IC 1101, musikalische Töne, die noch tiefer sind als der, mit dem Abell 426 grollt, Magnete, die noch stärker sind als SGR 1806-20 und eine Schwerkraft, die noch die von GRO J0422+32 übertrifft.

Es gibt auch so viele wunderbare Dinge, die wir bereits kennen, aber für die ich einfach nicht die Zeit oder den Platz hatte. Da ist der „Leo-Ring" im Sternbild Löwe, ein wunderbarer Ring aus leuchtendem Gas mit 650.000 Lichtjahren Durchmesser, der etwa 4 Mrd. Jahre für die Umrundung der zwei Galaxien braucht, die er einhüllt. Ich könnte ein ganzes Buch über „dunkle Materie" und „dunkle Energie" schreiben, zwei rätselhafte „Dinge", die zusammen 95 % der gesamten Masse und Energie des Universums ausmachen. Und selbst während ich mein Buch *Kosmos xxxtrem!* schrieb, wurde ein neuer Rekord für das fernste je entdeckte Objekt aufgestellt, eine Galaxie namens „z8_GND_5296" in einer Entfernung von 12,96 Mrd. Lichtjahren.

Wenn es einen gemeinsamen Schluss gibt, den wir aus den außergewöhnlichen Objekten, die wir im ganzen Universum gefunden haben (und aus dem Wissen, dass es dort noch so viel mehr zu entdecken gibt), ziehen können, dann ist es, dass wir anerkennen, wie klein und unbedeutend die

Rolle ist, die wir selbst in der Entwicklung des Universums spielen.

Unsere ganze Milchstraßengalaxie ist ein unbedeutender, winziger Fleck auf der himmlischen Bühne, die eine bedeutungslose Gegend von hellem Licht und dichtem Gas ist, versteckt inmitten der endlosen Dunkelheit der kosmischen Leeren. Andererseits, was für ein Triumph des reinen Denkens ist es, dass wir Menschen innerhalb von wenig mehr als hundert Jahren festgestellt haben, wie Sterne geboren werden, leben und sterben, wie sich Galaxien entwickeln, und wie die ganze Struktur von Galaxien, Galaxienhaufen und der kosmischen Leere zusammenpasst.

Der Kosmos ist fraglos extrem, und die Zahlen, mit denen wir diese Extreme angeben, sind zunächst schwer zu begreifen. Doch bei genauerer Untersuchung werden die Extreme des Universums nicht nur begreiflich, sondern stellen sich auch als entscheidende Schlüssel heraus, die wir brauchen, um das wahre Wunder und die Eleganz des Himmels zu erschließen.

Trotz der scheinbar hoffnungslosen Diskrepanz zwischen unserer begrenzten menschlichen Vorstellungskraft und der Größe und Komplexität des Universums ist es erstaunlich, dass wir so viel von dem, was wir sehen, verstehen. So perplex und entmutigt wir oft sind, wenn wir dem Kosmos ins Auge sehen, ist es vielleicht die ultimative Leistung der Menschheit, dass wir nichtsdestotrotz die Großartigkeit des Nachthimmels erklären können und zu schätzen wissen.

13 Extreme Erfahrungen

Die folgenden Tabellen fassen die Eigenschaften und Rekorde zusammen, die einige der in diesem Buch beschriebenen Objekte und Phänomene halten.

Extreme der Temperatur

Objekt	Temperatur
Absoluter Nullpunkt	−273,15 °C
Bumerang-Nebel	−272 °C
Kosmischer Mikrowellenhintergrund	−270,42 °C
Oberfläche der Sonne	5500 °C
Weißer Zwerg in Red-Spider-Nebel	300.000 °C
Kern der Sonne	15.000.000 °C
Supernova-Explosion	5.000.000.000 °C
Universum, 1 s nach dem Urknall	10.000.000.000 °C
Universum, 0,00000000001 s nach dem Urknall	10.000.000.000.000.000 °C
Universum, 0,000000000000000000000000000000000000000001 s nach dem Urknall	100.000.000.000.000.000.000.000.000.000.000 °C

Extreme der Helligkeit

Objekt	Eigenschaft
Zentrum einer Dunkelwolke	Helligkeit: 1.000.000.000.000 Mal dunkler als der Nachthimmel von der Erde aus gesehen
Zentrum eines Kugelsternhaufens	Helligkeit: am ganzen Himmel gleiche Helligkeit wie der Vollmond
Supernova-Explosion	Leuchtkraft: 1.000.000.000 Mal heller als die Sonne
Gammablitz GRB 080319B	Leuchtkraft: 1.000.000.000.000.000 Mal heller als die Sonne

Extreme der Zeit

Objekt	Eigenschaft
Universum	Alter: 13,8 Mrd. Jahre
Milchstraßengalaxie	Alter: etwa 13 Mrd. Jahre
Metallärmster Stern SDSS J102915+172927	Alter: etwa 13 Mrd. Jahre
Sonne, Erde & Sonnensystem	Alter: 4,6 Mrd. Jahre
Beteigeuze	Gesamte Lebenserwartung: 10 Mio. Jahre
Sonne	Gesamte Lebenserwartung: 10 Mrd. Jahre
Rote Zwerge	Gesamte Lebenserwartung: 1 Billion Jahre
Neutronenstern PSR J1748-2446ad	Rotationsrate: 716 Drehungen pro Sekunde

Objekt	Eigenschaft
Universum	13,8 Mrd. Jahre
Neutronenstern PSR J1909-3744	Umlaufbahn mit der perfektesten Kreisform (Genauigkeit von 10 millionstel m)

Extreme der Größe

Objekt	Größe
Asteroid 2008 TS26	50–100 cm
Neutronenstern	25 km
Weiße Zwerge	10.000–12.000 km
Erde	12.756 km
Rote Zwerge	200.000 km
Sonne	1,4 Mio. km
Achernar	15 Mio. km
Beteigeuze	1,6 Mrd. km
UY Scuti	2,4 Mrd. km
Milchstraßengalaxie	100.000 Lichtjahre (1 Mio. Billion km)
Elliptische Galaxie IC 1101	5 Mio. Lichtjahre
LQG U1.27	4 Mrd. Lichtjahre

Extreme der Geschwindigkeit

Objekt	Geschwindigkeit (km/h)
Erde (Umlaufbahn um die Sonne)	107.000
Merkur (Umlaufbahn um die Sonne)	170.000
Exoplanet WASP-12b (Umlaufbahn um den Mutterstern 2MASS J06303279+2940202)	849.000
Sonne (Umlaufbahn um die Milchstraße)	914.000
Hyperschnellläufer SDSS J090745.0+024507	2.500.000
Neutronenstern PSR B2224+65	6.200.000
Oh-My-God-Teilchen	1.079.252.848,8 (99,9999999999999999999996 % der Lichtgeschwindigkeit)
Lichtgeschwindigkeit	1.079.252.848,8

Extreme der Masse

Objekt	Masse
Merkur	330 Mio. Billionen t
Erde	6 Mrd. Billionen t
Jupiter	2 Billionen Billionen t
Roter Zwerg GJ 1245C	7,4 % der Sonnenmasse (150 Billionen Billionen t)
61 Cygni B	63 % der Sonnenmasse

Objekt	Masse
61 Cygni A	70 % der Sonnenmasse
Sonne	2000 Billionen Billionen t
Sirius	2 Sonnenmassen
Canopus	8 Sonnenmassen
Alnilam	40 Sonnenmassen
Wolf-Rayet-Stern A1	116 Sonnenmassen
Wolf-Rayet-Stern WR 102ka	Anfängliche Masse 150–200 Sonnenmassen
Population III-Stern	300–500 Sonnenmassen
Supermassereiches Schwarzes Loch Sagittarius A*	4,1 Mio. Sonnenmassen
Supermassereiches Schwarzes Loch S5 0014+813	40 Mrd. Sonnenmassen
Milchstraßengalaxie	1 Billionen Sonnenmassen
Elliptische Galaxie IC 1101	100 Billionen Sonnenmassen
Virgo-Haufen	1000 Billionen Sonnenmassen
Galaxienhaufen Abell 2163	4000 Billionen Sonnenmassen
Beobachtbares Universum	Etwa 400 Mrd. Billionen Sonnenmassen

Extreme des Schalls

Objekt	Eigenschaft
Supernova-Explosion	Lautstärke: 330 dB
Galaxienhaufen Abell 426	Tonhöhe: B, 56 Oktaven tiefer als das eingestrichene C Lautstärke: 170 dB

Objekt	Eigenschaft
Universum 10 Jahre nach dem Urknall	Tonhöhe: Fis, 35 Oktaven tiefer als das eingestrichene C
	Lautstärke: 90 dB
Universum 380.000 Jahre nach dem Urknall	Tonhöhe: C, 54 Oktaven tiefer als das eingestrichene C
	Lautstärke: 120 dB

Extreme der Elektrizität und des Magnetismus

Objekt	Eigenschaft
Erdoberfläche	Magnetfeld: 0,5 Gauß
Sonnenflecken	Magnetfeld: etwa 1000 Gauß
Flare-Stern YZ Canis Minoris	Magnetfeld: 3000–4000 Gauß
Babcocks Stern	Magnetfeld: 34.000 Gauß
Tesla Hybrid Magnet, Florida	Magnetfeld: 450.000 Gauß
Multi-Shot Magnet, New Mexico	Magnetfeld: 889.000 Gauß
MC-1, Russland	Magnetfeld: 28 Mio. Gauß
Weißer Zwerg PG 1031+234	Magnetfeld: 1 Mrd. Gauß
Neutronenstern PSR J1847-0130	Magnetfeld: 100 Billionen Gauß
Magnetar SGR 1806-20	Magnetfeld: 1000 Billionen Gauß
Holifield Radioactive Ion Beam Facility, Tennessee	Spannung: 32 Mio. V
Neutronenstern PSR J0537-6910	Spannung: 38.000 Billionen V

Objekt	Eigenschaft
Supermassereiches Schwarzes Loch	Spannung: 10 Mio. Billionen V
Blitz	Stromstärke: 20.000–50.000 A
Polarlichter der Erde	Stromstärke: etwa 1 Mio. A
Z-Maschine, New Mexico	Stromstärke: 26 Mio. A
Sonnenflecken	Stromstärke: 1 Billion A
Neutronenstern PSR J0537-6910	Stromstärke: 1000 Billionen A
Jet von Radiogalaxien	Stromstärke: etwa 1 Mio. Billionen A

Extreme der Schwerkraft

Objekt	Schwerebeschleunigung (km/h pro Sekunde)
Umlaufende Galaxien SDSS J113342.7+482004.9 & SDSS J113403.9+482837.4 (Napoleon & Josephine)	0,00000000000004
Umlaufende Galaxien Milchstraße & Andromeda	0,0000000000013
Milchstraße (an der Position der Sonne)	0,000000001
Sonne (an der Position der Erde)	0,02
Mond (an der Oberfläche)	5,8
Erde (an Bord der Internationalen Raumstation)	32
Erde (an der Oberfläche)	35
Sonne (an der Oberfläche)	990

Objekt	Schwerebeschleunigung (km/h pro Sekunde)
Supermassereiches Schwarzes Loch S5 0014+813 (knapp oberhalb des Ereignishorizonts)	1350
Weißer Zwerg (an der Oberfläche)	10,5 Mio.
Neutronenstern (an der Oberfläche)	4 Billionen
Stellares Schwarzes Loch GRO J0422+32 (knapp oberhalb des Ereignishorizonts)	14 Billionen

Extreme der Dichte

Objekt	Dichte
Kosmische Leere	0,00000002 Atome/cm^3
Intergalaktisches Gas	0,00001 Atome/cm^3
Interstellares Gas	1 Atom/cm^3
Bestes Laborvakuum	500–1000 Atome/cm^3
Dunkelwolken	Bis zu 1 Mio. Atome/cm^3
Roter Riese (Äußere Hülle)	0,000001 g/cm^3 (600.000 Billionen Atome/cm^3)
Supermassereiches Schwarzes Loch S5 0014+813 (äquivalente Dichte)	0,0001 g/cm^3
Luft (auf Meereshöhe)	0,001 g/cm^3
Sonne (Durchschnitt)	1,4 g/cm^3
Erde (Oberfläche)	3 g/cm^3
Erde (Durchschnitt)	5,5 g/cm^3
Eisen	7,9 g/cm^3

Objekt	Dichte
Erde (Kern)	13 g/cm^3
Osmium	22,6 g/cm^3
Sonne (Kern)	150 g/cm^3
Roter Riese (Kern)	100 kg/cm^3
Weißer Zwerg	2 t/cm^3
Neutronenstern	340 Mio. t/cm^3
Stellares Schwarzes Loch GRO J0422+32 (äquivalente Dichte)	1,2 Mrd. t/cm^3

Literaturhinweise

Für den interessierten Leser habe ich im Folgenden einige der Artikel, Bücher und Webseiten aufgeführt, die ich genutzt habe, um die Informationen in *Kosmos xxxtrem!* zu sammeln, oder die meines Erachtens einen hilfreichen Überblick über ein bestimmtes Gebiet geben. Kostenlose Vorabversionen der meisten Astronomieartikel findet man auf <arXiv.org>

Höllenfeuer und Eiseskälte: Extreme der Temperatur

Der heißeste Weiße Zwerg im Inneren des Red-Spider-Nebels: Pottasch, S. & Bernard-Salas, J. (2010) Planetary nebulae abundances and stellar evolution II. *Astronomy & Astrophysics,* 517:95.

Der Bumerang-Nebel: Sahai, R. & Nyman, L. (1997) The Boomerang Nebula: The coldest region of the Universe? *The Astrophysical Journal,* 487:L155.

Hell und dunkel: Extreme der Helligkeit

Um zu berechnen, wie die Sterne am Himmel schrittweise verschwinden, wenn wir von einer Dunkelwolke umhüllt werden, habe ich die Ergebnisse der folgenden beiden Artikel herangezogen: Alves, J. et al. (2001) Internal structure of a cold dark molecular cloud inferred from the extinction of background starlight. *Nature,* 409:159, und Román-Zúñiga, C. et al. (2007) The infrared extinction law at extreme depth in a dark cloud core. *The Astrophysical Journal,* 664:357.

GRB 080219B, der Gammablitz vom 19. März 2008, der mit bloßem Auge zu sehen war: Bloom, J. et al. (2009) Observations of the naked-eye GRB 080319B: Implications of nature's brightest explosion. *The Astrophysical Journal,* 691:723.

In alle Ewigkeit: Extreme der Zeit

SDSS J102915+172927, der Stern mit der niedrigsten Metallizität: Caffau, E. et al. (2011) An extremely primitive star in the Galactic halo. *Nature,* 477:67

PSR J1748-2446ad, der am schnellsten rotierende Stern: Hessels, J. et al. (2006) A radio pulsar spinning at 716 Hz. *Science,* 311:1901. Eine Internetsuche wird Geschichten und Links zu einem Objekt namens "XTE J1739-285" liefern, das sich laut Angaben von Astronomen aus dem Jahr 2007 1122 Mal pro Sekunde dreht und damit noch schneller als PSR J1748-2446ad (siehe <www.esa.int/esaSC/SEMPADBE8YE_index_0.html>). Die Daten, die zu dieser Entdeckung führten, sind jedoch seither nochmals von anderen Astronomen analysiert worden, wobei die ursprünglichen Ergebnisse nicht bestätigt werden konnten.

PSR J1909-3744, dessen Umlaufbahn die perfekteste bekannte Kreisform hat: Jacoby, B. et al. (2005) The mass of a millisecond pulsar. *The Astrophysical Journal,* 629:L113.

Zwerge und Riesen: Extreme der Größe

Mira und die Spur aus Gas, die sie hinterlässt: Martin, D. et al. (2007) A turbulent wake as a tracer of 30,000 years of Mira's mass loss history. *Nature,* 448:780.

UY Scuti, der größte bekannte Stern: Arroyo-Torres, B. et al. (2013) The atmospheric structure and fundamental parameters of the red supergiants AH Scorpii, UY Scuti, and KW Sagittarii. *Astronomy & Astrophysics,* 554:A76.

IC 1101, die größte bekannte Galaxie: Uson, J. et al. (1990) The central galaxy in Abell 2029 – An old supergiant. *Science,* 250:539.

LQG U1.27, die größte bekannte Struktur im Universum: Clowes, R. et al. (2013) A structure in the early Universe at z ~ 1.3 that exceeds the homogeneity scale of the R-W concordance cosmology. *Monthly Notices of the Royal Astronomical Society,* 429:2910.

Eile und Weile: Extreme der Geschwindigkeit

WASP-12b, ein schnell umlaufender Planet: Hebb, L. et al. (2009) WASP-12b: The hottest transiting extrasolar planet yet discovered. *The Astrophysical Journal*, 693:1920.

Ich habe die Geschwindigkeiten dieses und aller anderen zurzeit bekannten Exoplaneten unter Zuhilfenahme des Katalogs auf exoplanets.org (von mir am 27. Oktober 2013 aufgerufen) berechnet.

Umlaufbahn der Sonne um das Zentrum der Milchstraße: Reid, M. et al. (2009) Trigonometric parallaxes of massive star-forming regions. VI. Galactic structure, fundamental parameters, and noncircular motions. *The Astrophysical Journal*, 700:137.

SDSS J090745.0+024507, der schnellste Hyperschnellläufer: Brown, W. et al. (2005) Discovery of an unbound hypervelocity star in the Milky Way halo. *The Astrophysical Journal*, 622:L33.

PSR B2224+65, der schnellste bekannte Neutronenstern: Harrison, P. et al. (1993) New determinations of the proper motions of 44 pulsars. *Monthly Notices of the Royal Astronomical Society*, 261:113.

Das Oh-My-God-Teilchen, das Teilchen der kosmischen Strahlung mit der höchsten Geschwindigkeit: Bird, D. et al. (1995) Detection of a cosmic ray with measured energy well beyond the expected spectral cutoff due to cosmic microwave radiation. *The Astrophysical Journal*, 441:144.

Dick und dünn: Extreme der Masse

GJ 1245C, der leichteste bekannte Stern: Henry, T. et al. (1999) The optical massluminosity relation at the end of the main sequence. *The Astrophysical Journal,* 512:864. Ich gebe zu bedenken, dass es schwer ist, diese Frage definitiv zu beantworten und dass es andere Kandidaten für diesen Titel gibt. Aufgrund der zur Verfügung stehenden Belege und der Qualität der Daten hielt ich GJ 1245C jedoch für den wahrscheinlichsten Halter dieses Rekords.

A1, der schwerste bekannte Stern in der Milchstraße: Schnurr, O. et al. (2008) The very massive binary NGC 3603-A1. *Monthly Notices of the Royal Astronomical Society,* 389:L38. Es ist von schwereren Sternen berichtet worden, doch deren Massen wurden indirekt oder näherungsweise bestimmt. A1 ist der schwerste Stern, für den es eine genaue und zuverlässige Massenbestimmung gibt (was gewöhnlich erfordert, dass der Stern Teil eines Doppelsternsystems ist).

WR 102 ka, der Stern in der Milchstraße mit der größten anfänglichen Masse: Barniske, A. et al. (2008) Two extremely luminous WN stars in the Galactic center with circumstellar emission from dust and gas. *Astronomy & Astrophysics,* 971:984.

S5 0014+813, ein supermassereiches Schwarzes Loch: Ghisellini, G. et al. (2009) The blazar S5 0014+813: A real or apparent monster? *Monthly Notices of the Royal Astronomical Society,* 399:L24.

Akkurate Messungen der Massen von supermassereichen Schwarzen Löchern sind sehr schwierig, sodass es schwer ist, das schwerste Schwarze Loch mit absoluter Bestimmtheit anzugeben, aber S5 0014+813 scheint das Schwarze Loch mit der höchsten zuverlässigen Messung zu sein.

Abell 2163, der schwerste bekannte Galaxienhaufen: Holz, D. & Perlmutter, S. (2012) The most massive objects in the Universe. *The Astrophysical Journal*, 755:L36.

Sphärenklänge: Extreme des Schalls

Abell 426, die Quelle des tiefsten Tons im Universum: Fabian, A. et al. (2003) A deep Chandra observation of the Perseus cluster: Shocks and ripples. *Monthly Notices of the Royal Astronomical Society*, 344:L43.

Die ersten Geräusche im Universum: alle Berechnungen habe ich selbst durchgeführt, aber ich fand die folgenden drei Informationsquellen besonders nützlich:

Rich, James (2010) *Fundamentals of Cosmology* (2. Aufl.). Springer, Berlin.

Cramer, John (2010) The sound of the Big Bang, <faculty.washington.edu/jcramer/BBSound.html> (aufgerufen am 30.3.2013).

Whittle, Mark (2010), Big Bang acoustics, <www.astro.virginia.edu/~dmw8f/BBA_web/index_frames.html>, (aufgerufen am 17.1.2014).

Dynamos im All: Extreme des Elektromagnetismus

YZ Canis Minoris, ein spektakulärer Flare- oder Flackerstern, der durch Magnetismus angetrieben wird: Kowalski, A. et al. (2010) A white light megaflare on the dM4.5e Star YZ Cmi. *The Astrophysical Journal*, 714:L98.

HD 215441, der magnetischste bekannte Ap-Stern: Babcock, HW. (1960) The 34-kilogauss magnetic field of HD 215441. *The Astrophysical Journal,* 132:521.

PG 1031+234, der magnetischste Weiße Zwerg: Latter, W. et al. (1987) The rotationally modulated Zeeman spectrum at nearly 109 gauss of the white dwarf PG 1031+234. *The Astrophysical Journal,* 320:308. Aufgrund der Schwierigkeit dieser Messungen ist es schwer, Aussagen mit absoluter Bestimmtheit zu treffen; ein Überblick über die Situation findet sich bei Jordan, S. (2009) Magnetic fields in white dwarfs and their direct progenitors. *IAU Symposium,* 259:369.

SGR 1806-20, der magnetischste Magnetar: Kouveliotou, C. et al. (1998) An X-ray pulsar with a superstrong magnetic field in the soft gammaray repeater SGR 1806-20. *Nature,* 393:235.

Der riesige Strahlungsausbruch von SGR 1806-20 im Dezember 2004: Gaensler, B. et al. (2005) An expanding radio nebula produced by a giant flare from the magnetar SGR 1806-20. *Nature,* 434:1104.

PSR J0537-6910, der Neutronenstern mit der höchsten elektrischen Spannung: meine eigenen Berechnungen unter Nutzung der Daten in Marshall, F. et al. (1998) Discovery of an ultrafast X-ray pulsar in the supernova remnant N157B. *The Astrophysical Journal,* 499:L179.

Die Hochspannung in der Umgebung supermassereicher Schwarzer Löcher: Straumann, N. (2008) Energy extraction from black holes. *AIP Conference Proceedings,* 977:75.

Extragalatische Jets: Kronberg, P. et al. (2011) Measurement of the electric current in a kpc-scale jet. *The Astrophysical Journal,* 741:L5.

Leichtgewichte und Schwergewichte: Extreme der Schwerkraft

GRO J0422+32, das Schwarze Loch mit der stärksten Schwerkraft: Gelino, F. & Harrison, T. (2003) GRO J0422+32: The lowest mass black hole? *The Astrophysical Journal,* 599:1254. Es wurde die Entdeckung eines noch kleineren Schwarzen Lochs, XTE J1650-500, behauptet (siehe www.nasa.http://www.nasa.gov/centers/goddard/news/topstory/2008/smallest_blackhole.html (Zuletzt aufgerufen am 17.1.2014). Die Entdecker dieses Ergebnis überprüften jedoch später ihre Berechnungen und zogen ihre Behauptung zurück – siehe Shaposhnikov, S. & Titarchuk, L. (2009) Determination of black hole masses in galactic black hole binaries using scaling of spectral and variability characteristics. *The Astrophysical Journal,* 699:453.

Die schwache Schwerkraft zwischen der Milchstraße und Andromeda: van der Marel, R. & Guhathakurta, P. (2008) M31 transverse velocity and local group mass from satellite kinematics. *The Astrophysical Journal,* 678:187.

Das zukünftige Schicksal von Milchstraße und Andromeda: Cox, T. & Loeb, A. (2008) The collision between the Milky Way and Andromeda. *Monthly Notices of the Royal Astronomical Society,* 386:461.

Die Umlaufbahn mit der schwächsten Gravitation, zwischen SDSS J113342.7+482005 und SDSS J113403.9+482837: meine eigenen Berechnungen mit Hilfe der Daten in Karachentsev, I. & Makarov, D. (2008) Binary galaxies in the local supercluster and its neighborhood. *Astrophysical Bulletin,* 63:299.

Vakuum und Schwarze Löcher: Extreme der Dichte

Die kristalline Struktur Weißer Zwerge: Metcalfe, T. et al. (2004) Testing white dwarf crystallization theory with asteroseismology of the massive pulsating DA Star BPM 37093. *The Astrophysical Journal,* 605:L133.

Lange Ketten von Atomen auf der Oberfläche eines Neutronensterns: Salpeter, E. (1988) Hydrogen in strong magnetic fields in neutron star surfaces. *Journal of Physics: Condensed Matter,* 10:11285.

Die extreme Festigkeit der Kruste eines Neutronensterns: Horowitz, C. & Kadau, K. (2009) Breaking strain of neutron star crust and gravitational waves. *Physical Review Letters,* 102, id 191102.

Nukleare Pasta im Innern eines Neutronensterns: Ein guter Überblick findet sich in Lamb, F. (1991) Neutron stars and black holes, in D. Lambert (Hrsg.) *Frontiers of Stellar Evolution,* 20:299 (veröffentlicht von der Astronomical Society of the Pacific).

Kosmische Leeren, Gegenden der geringsten Dichten im Universum: Hoyle, F. & Vogeley, M. (2004) Voids in the two-degree field galaxy redshift survey. *The Astrophysical Journal,* 607:751.

Sachverzeichnis